普通高等教育"十一五"国家级规划教材

高职高专机电类专业规划教材

（电子信息类专业）

电 子 测 量 技 术

第 2 版

主　编　孟凤果

副主编　颜云华

参　编　李福军　王　晗　笪秉宏

机 械 工 业 出 版 社

本书根据目前高职教育的特点，从电子测量技术的实际应用出发，简明扼要地介绍了电子测量技术及常用电子测量仪器的使用技术，并有重点地讨论了相关仪器的正确操作方法和典型应用。每章后附有相关实验内容，这些实验题目选题典型、可操作性强，通过实验操作能使学生更好地掌握相关知识。

全书共分为9章，主要内容包括电子测量的基本知识，信号发生器、电子示波器及测量技术、电压测量技术、时间与频率测量技术、扫频仪与晶体管特性图示仪和数字集成电路测试仪、数据域测量技术、计算机仿真测量技术以及电子仪器的发展趋势和自动测试系统。

本书可供高职高专电子技术应用类专业使用，也可供从事电子技术应用类工作的工程技术人员参考和作为职业技术工人的培训教材。

为方便教学，本书配有电子教案、电子课件、习题参考答案、模拟试卷等，凡选用本书作为授课教材的老师，均可来电免费索取。咨询电话：010-88379375；Email：cmpgaozhi@sina.com

图书在版编目（CIP）数据

电子测量技术/孟凤果主编. —2 版. —北京：机械工业出版社，2011.7
（2018.1重印）

普通高等教育"十一五"国家级规划教材. 高职高专机电类专业规划教材（电子信息类专业）

ISBN 978-7-111-34486-5

Ⅰ.①电… Ⅱ.①孟… Ⅲ.①电子测量—高等职业教育—教材 Ⅳ.①TM93

中国版本图书馆 CIP 数据核字（2011）第 131233 号

机械工业出版社（北京市百万庄大街 22 号　邮政编码 100037）
策划编辑：于　宁　　责任编辑：于　宁
版式设计：霍永明　　责任校对：刘志文
封面设计：马精明　　责任印制：孙　炜
北京中兴印刷有限公司印刷
2018 年 1 月第 2 版第 4 次印刷
184mm×260mm · 10.75 印张 · 265 千字
7 001—8 500 册
标准书号：ISBN 978-7-111-34486-5
定价：27.00 元

凡购本书，如有缺页、倒页、脱页，由本社发行部调换

电话服务　　　　　　　　　　网络服务

服务咨询热线：010-88379833　　机 工 官 网：www.cmpbook.com
读者购书热线：010-88379649　　机 工 官 博：weibo.com/cmp1952
　　　　　　　　　　　　　　　教育服务网：www.cmpedu.com
封面无防伪标均为盗版　　　金 书 网：www.golden-book.com

第 2 版前言

本教材是《电子测量技术》（2005 年 1 月第 1 版）一书的修订版，原书是教育部机械职业教育教学指导委员会与中国机械工业教育协会组编，2006 年 8 月被教育部列为普通高等教育"十一五"国家级规划教材，高职高专机电类专业（电子信息类专业）规划教材。自2005 年出版发行以来，得到了各高职院校教师的关心和支持，至 2010 年 8 月已是第 6 次印刷。

教材使用多年，根据许多读者来信提出的宝贵建议，现对该书进行了修订，以适应新形势发展的需要。

本次修订对教材原各章内容均作了必要的修订。第 1 章增加了电子测量仪器的主要技术指标、计量基本知识、实验室接地信号的处理、数据处理习题等；第 2 章增加了信号发生器的应用实例、锁相环技术习题；第 3 章增加了示波器的使用方法；第 5 章增加了 NFC-1000C 型多功能频率计数器使用介绍；第 6 章增加了 XJ4810 型晶体管特性图示仪的使用方法、数字集成电路测试仪的使用等内容；第 8 章将计算机仿真测量技术中 EWB 软件的应用提升为功能更多、虚拟仪器更丰富的 Multisim 软件。同时，对原教材中的疏漏和错误进行了修正。

教材修订后，保持了原书的适用性、应用性，加强理论与实践的紧密结合，加强对学生基本技能训练，仍是本书的重要特点。每一部分的设计，围绕一个核心主线：丰富知识的同时，加强技能操作，提高创新能力。教材的另一主线是：突出电子测量中误差理论的应用，误差的处理是测量技术中很重要的内容，利用误差分析测量结果，便于实际工程应用。

本教材由河北机电职业技术学院孟凤果教授任主编，编写了第 1、3、4、9 章及第 5 章的 5.6.2 节、第 6 章的 6.4 节；辽宁机电职业技术学院李福军编写了第 2 章；常州机电职业技术学院颜云华任副主编，编写了第 5、7 章；安徽机电职业技术学院笪秉宏编写了第 6 章；河北机电职业技术学院王晗编写了第 8 章。

教材配套有电子课件、模拟试卷及答案等。电子课件具体、生动，有利于对学生的启发教学，方便于教师授课。

在教材编写过程中，得到了河北机电职业技术学院各级领导的大力支持和帮助，在此表示诚挚的感谢！同时，也向对本书提供很多支持的各位同仁表示衷心感谢！尽管作者在教材的组织、编写方面做了许多努力，但由于编者水平所限，书中不足之处在所难免，欢迎广大读者批评指正。

编　者

目　录

第1章　电子测量的基本知识

内容提要：

本章主要介绍了电子测量的基本概念、内容、特点；电子测量的分类、电子测量实验室的常识、测量结果的表示方法和测量误差的基本分析方法。

1.1　概述

测量是人类对客观事物取得数量概念的认识过程。人们认识客观世界，首先是对具体事物进行观察，形成定性认识，然后进行测量，获得定量的概念，在此基础上才可以总结出各种客观规律，形成定理和定律。所以，测量是打开自然科学"未知"知识的钥匙。

测量的实现是通过物理实验的方法，获取被研究对象定量信息的过程。测量技术主要研究测量原理、方法和仪器等方面的内容。电子测量是测量学的一个重要分支。从广义上讲，凡是利用电子技术进行的测量都可以称为电子测量；从狭义而言，电子测量是特指对各种电参量和电性能的测量，这正是我们要讨论的范畴。在电子技术领域中，正确的分析只能来自正确的测量。电子测量已成为一门发展迅速、应用广泛、精确度愈来愈高、对科学技术发展起着巨大推动作用的独立学科。电子测量的水平，是衡量一个国家科技水平的重要标志之一。

1.1.1　电子测量的内容

随着电子技术的不断发展，电子测量的内容愈来愈丰富。本课程中电子测量的内容是指对电子学领域内电参量的测量，主要有：

1. 电能量的测量

例如：电流、电压、功率和电场强度等的测量。

2. 电信号特征量的测量

例如：频率、相位、周期和波形参数等的测量。

3. 电路元件参数的测量

例如：电阻或电导、电抗或电纳、阻抗或导纳、电感、电容、品质因数和介电常数导磁率等的测量。

4. 电路性能特性量的测量

例如：增益或衰减、谐波失真、灵敏度和通频带等的测量。

5. 特性曲线的显示

例如：幅频特性、器件特性等的显示。

以上并非严格的分类法，一个参量从不同角度看，既可以把它归入某一类，也可以将其归入另一类。如电压既是电能的一个属性，同时又是电信号的一个重要特征。

1.1.2　电子测量的特点

与其他测量相比，电子测量主要具有以下几个特点：

1. 测量频率范围宽

除测量直流电量外，还可以测量交流电量，其频率值下限为 10^{-4} Hz，上限为 THz（1THz＝10^{12}Hz，读作太赫）数量级。但要注意的是，不同频段的测量，即使测量同一种电量，也需要采用不同的测量方法与测量仪器。

2. 仪器的量程宽

量程是测量范围上限值与下限值之差。由于被测量范围的大小相差悬殊，因此要求测量仪器应有足够宽的量程。例如：一台数字电压表，要求测出从纳伏（nV）级到千伏（kV）级的电压，量程达 12 个数量级。用于测量频率的电子计数器，其量程可达 17 个数量级。量程宽是电子测量仪器的突出优点。

3. 测量准确度高

电子测量的准确度比其他测量方法高很多，特别是对频率和时间的测量。例如：长度测量的准确度最高为 10^{-8} 的量级；而用电子测量方法测量频率和时间，其准确度可达到 10^{-13} 数量级，这是目前人类在测量准确度方面达到的最高标准。

4. 测量速度快

由于电子测量是通过电子技术实现的，因而测量速度很快。只有高速度的测量，才能测出实时变化的物理量，这正是它在现代科技领域得到广泛应用的重要原因。例如：载人飞船发射过程中，就需要有电子测量系统快速测出它的运行参数，通过对这些参数的处理，再对它的运动下达控制信号去进行调整，使其运行正常。

5. 易于实现遥测

电子测量的一个突出优点是可以通过各种类型的传感器实现遥测。例如：环境恶劣的、人体不便于接触或无法达到的区域（深海、地下、高温炉子、核反应堆内等），都可以通过传感器或电磁波、辐射等方式进行测量。

6. 易于实现测量的自动化

由于微电子技术的发展和微处理器的应用，使电子测量呈现了崭新的局面。电子测量同计算机相结合，使测量仪器智能化，可以实现测量的自动化。例如：在测量中能实现程控、自动校准、自动转换量程、自动诊断故障和自动修复，对测量结果可以自动记录、自动进行数据处理等。

由于电子测量具有以上特点，所以被广泛应用于自然科学的一切领域。电子测量技术的水平往往是科学技术最新成果的反映，因此，一个国家电子测量技术的水平，往往标志着这个国家科学技术的水平。这就使得电子测量技术在现代科学技术中的地位十分重要，也是使得电子测量技术日新月异发展的原因。

1.2　电子测量的分类

根据测量方法的不同，电子测量有不同的分类方法。这里仅介绍常用的分类方法。

1.2.1　按测量手段分类

按测量手段分类，有直接测量、间接测量和组合测量三种。

1. 直接测量

用测量仪器直接测得被测量量值的方法称为直接测量。例如：用电压表测量电路元器件两端上的工作电压等。

2. 间接测量

利用直接测量得到的量值与被测量的量值之间已知的函数关系，得到被测量量值的测量方法称为间接测量。例如：测量电阻 R 上的消耗功率 $P = UI = I^2 R = U^2/R$，可以通过直接测量电压、电流，电流、电阻或电压、电阻等方法求出。

当被测量的量不便于直接测量或者间接测量的结果比直接测量的更为准确时，多采用间接测量法。例如：测量晶体管集电极电流，多采用直接测量集电极电阻（R_C）上的电压，再通过公式 $I = V_{RC}/R_C$ 算出，而不再使用断开电路串联接入电流表的方法。

3. 组合测量

将被测量的量和另外几个量组成联立方程，通过直接测量这几个量后求解联立方程，从而得到被测量的大小。组合测量是兼用直接测量与间接测量的一种测量方法。

1.2.2　按测量性质分类

尽管被测量的种类繁多，但它们总是遵循一定规律。按被测量的量值变化规律分类，可分为时域测量、频域测量、数据域测量和随机量测量等。

1. 时域测量

时域测量是测量被测量随时间变化的特性，这时被测量是一个时间函数。例如：用示波器显示电压、电流的瞬时波形，测量它的幅度、上升沿和下降沿等参数。

2. 频域测量

频域测量是测量被测量随频率变化的特性，这时被测量是一个频率函数。例如：用频率特性图示仪可以观测放大器的增益随频率变化的规律等。

3. 数据域测量

数据域测量是对数字系统逻辑特性进行的测量。例如：用逻辑分析仪可以同时观测多个离散信号组成的数据流等。

4. 随机量测量

随机量测量主要是对各种噪声、干扰信号等随机量的测量。

1.3　电子测量实验室的常识

电子测量是在一定环境条件下进行的。作为电子测量的基本场所——电子测量实验室，对测量的准确度起重要的作用，应该熟悉实验室内的一些基本常识。

1.3.1　电子测量实验室的环境条件

电子测量仪器是由各种电子元器件构成的，它们往往不同程度地受到诸如温度、湿度、大气压强、振动、电网电压、电磁场等外界环境的影响，因此，在同一环境条件下，用同一台仪器及同样的测量方法去测量同一个物理量，就会出现不同的测量结果。

根据电子测量的任务及各种电子测量仪器的技术要求的不同，电子测量应具备的环境条件也是不同的。仪器的使用应在生产厂家规定的范围内进行，以保证一定的测量精度。其中，特别注意电网电压、环境温度和湿度必须符合要求。

1.3.2　电子测量仪器的组成

在实验室完成一次测量，常常需要数台测量仪器及辅助设备。例如：要测量放大器的增益，就需要低频信号发生器、电子示波器、电子电压表及直流稳压电源等仪器。电子测量仪器的放置方式、连接方法等都会对测量过程、测量结果及仪器自身的安全产生影响。

1. 电子测量仪器的放置

在测量前应安排好各仪器的位置。要注意以下两点：

1）在摆放仪器时，尽量使仪器的指示电表或显示器与操作者的视线平行，以减少视觉误差；对那些在测量中需要频繁操作的仪器，其位置的安排应便于操作者的使用。

2）在测量中，当需要两台或多台仪器重叠放置时，应把重量轻、体积小的仪器放在上层；对于散热量较大的仪器，还要注意它自身散热及对相邻仪器的影响。

2. 电子测量仪器之间的连线

电子测量仪器之间的连线原则上要求尽量短，尽量减少或消除交叉，以免引起信号的串扰和寄生振荡。例如：图 1-1a、c 所示是正确的连线方法；图 1-1b 所示连接线太长；图 1-1d 所示连接线有交叉。

图 1-1　仪器的连线

1.3.3　电子测量仪器的接地

电子测量仪器的接地有两层含义，即以保障操作者人身安全为目的的安全接地和以保证电子测量仪器正常工作为目的的技术接地。

1. 安全接地

安全接地即将机壳和大地连接。这里所说的"地"是指真正的大地。安全接地的目的：一是防止机壳上积累电荷，产生静电放电而危及设备和人身安全；二是防止当设备的绝缘损坏而使机壳带电时，危害操作者的安全。为了消除隐患，一般可采取以下措施。

1) 在实验室的地面上铺设绝缘胶。

2) 仪器的电源插头应采用"三星"插头，其中"一星"为接地端（另一端连接在仪器的外壳上）。

3) 电子实验室的总地线可用大块金属板或金属棒深埋在附近的地下，并撒些食盐以减少接触电阻，再用粗导线引入实验室。通过接地线，泄漏电流就流入大地这个巨大的导体。

2. 技术接地

技术接地是一种防止外界信号串扰的方法。这里所说的"地"，并非大地，而是指等电位点，即测量仪器和被测电路的基准电位点。技术接地一般有一点接地和多点接地两种方式。前者适用于直流或低频电路的测量，即把测量仪器的技术接地点与被测电路的技术接地点连在一起，再与实验室的总地线（大地）相连；多点接地则应用于高频电路的测量。

在电子测量过程中，由于被测对象工作频率较高、阻抗较大且信号较弱，容易受外界因素影响，从而使测量误差增大，稳定性降低。为避免干扰，大多数电子测量仪器的两个输入端中一端为接地端，与仪器的外壳相连，并与连接被测对象的电缆引线外层屏蔽线连接在一起，这个端点通常用"⊥"表示。在一次测量过程中，如果同时使用多台仪器，则需要将它们的"⊥"端均接在一起，即"共地"。仪器外壳则可通过电源插头中的接地端与大地相连，这样就组成了测试系统的屏蔽网络，可避免外界电磁场的干扰，提高测量稳定性，减少测量误差。因此，在电子测量中，一定注意不要将接地端与非接地端任意调换。

1.3.4　电子测量仪器的主要技术指标

测量仪器是指将被测量转换为可直接观测的指示值或等效信息的器具。利用电子技术对各种信息进行测量的设备统称为电子测量仪器。

电子测量仪器的技术指标是用数值、误差范围等来表征仪器性能的量。下面介绍测量仪器的主要技术指标。

1. 测量误差

电子测量仪器的测量误差可能用各种误差形式表示。例如：仪器固有误差、使用误差、环境误差、方法误差等。据国家标准规定，批量生产的电子测量仪器，都应给出工作误差极限。这一原则对仪器制造厂提出了更高的要求，有利于提高产品质量，对测量仪器的使用提供了方便，免去了使用者根据单项误差估算总误差的困难。

2. 稳定性

在工作条件恒定的情况下，在规定时间内，测量仪器保持其指示值不变的能力称为仪器的稳定性。稳定性直接与时间有关，稳定性的高低由稳定误差表征。因此，在给出稳定误差的同时，必须指定相应的时间间隔，否则所给出的稳定误差就没有任何实际意义。

我国相关标准规定，时间间隔应从下列数值中选取：

15 分钟（min）；1 小时（h）；3 小时（h）；7 小时（h）；24 小时（h）；10 天（d）；

30 天（d）；3 个月（m）；6 个月（m）；1 年（a）等等。

3. 分辨率

分辨率是指测量仪器可能测得的被测量最小变化的能力。通常，模拟式测量仪器的分辨率是指示值最小刻度的一半；数字式仪器的分辨率是显示器最后一位的一个数字。

4. 量程

电子测量仪器的量程是指在满足误差要求的情况下，被测量的上限值与下限值之差。量程范围的大小是仪器通用性的重要标志。

为了使测量仪器能有足够宽的量程，通用仪器常常需要分档。一般按 1—2—5 或 1—3 或 10 进位的序列划分档极。测量仪器的分辨率可能随量程的换档而变化。

5. 测试速率

测试速率是指单位时间内，仪器读取被测量数值的次数。数字直读式仪器较指针式仪器测试速率快得多，随着仪器的自动化程度越来越高，测试速率愈来愈将成为电子测量仪器的重要技术指标。

6. 可靠性

可靠性是指产品在规定条件下完成规定任务的概率，它是反映产品是否耐用的一个综合质量指标。所谓规定条件，是指规定的时间、规定的工作条件和维护条件。对可靠性的研究，包括产品设计、制造、使用和维护各个阶段。

1.4　计量的基本概念

计量是为了保证量值的统一、准确性和法制性，是生产发展、商品交换和国内国际交往的需要。计量学是研究测量、保证测量统一和准确的科学。计量学研究计量单位及基准，标准的建立、保存和使用，测量方法和计量器具，测量的准确度以及计量法制和管理等。计量学也包括研究物理常数，标准物质及材料特性的准确测定等。

计量是企业生产管理的重要依据，计量对提高产品质量，为实现产品标准化提供科学数据等方面都起着重要的作用。计量科学技术的水平一般也可以标志一个国家科学技术发展的水平。计量工作是国民经济的一项基础性的重要工作，需要一定的法制管理。

计量工作对电子产品的质理管理尤为重要，产品出厂前必须经过严格的计量检定，仪器仪表在使用过程中也要定期进行检验和校准，以确保测量的准确性。

计量和测量既有密切联系，又有所不同。测量是用已知的标准单位量与同类物质进行比较以获得该物质数量的过程，测量过程中，认为被测量的真实值是客观存在的，其误差是由测量仪器和测量方法等引起的。计量学把测量技术和测量理论加以完善和发展，对测量起着推动作用，计量过程中，认为使用的仪器是标准的，误差是由受检仪器引起的，它的任务是确定测量结果的可靠性。计量是测量发展的客观需要，没有测量就谈不上计量。

1.4.1　计量器具

凡是用以直接或间接测得被测对象量值的量具、计量仪器和计量装置统称为计量器具。它包括计量基准、计量标准和工作用计量器具三类。

1. 计量基准

计量基准包括国家基准、副基准和工作基准。

（1）国家基准　国家基准也称为主基准，它是用来复现和保存计量单位，具有现代科学技术所能达到的最高精确度的计量器具，经国家鉴定并批准，作为统一全国计量单位量值的最高依据的计量器具。

（2）副基准　副基准是通过直接或间接与国家基准比对来确定其量值并经国家鉴定批准的计量器具。它在全国作为复现计量单位的地位仅次于国家基准，建立副基准的目的主要是代替国家基准的日常使用，也可以用于验证基准的变化。

（3）工作基准　工作基准是经与国家基准或副基准校准或比对，并经国家鉴定，实际用以检定计量标准的计量器具。它在全国作为复现计量单位的地位仅在国家基准及副基准之下。设立工作基准的目的是不因国家基准或副基准由于使用频繁而丧失其应有的准确度或遭到损坏。

计量标准是按国家规定的准确度等级，作为检定依据用的计量器具或物质。

不用于检定工作而只用于日常测量的计量器具称为工作用计量器具，工作用计量器具要定期用计量标准来检定，即由计量标准来评定它的计量性能（包括准确度、稳定度、灵敏度等）是否合格。

2. 量具

量具是以固定形式复现量值的计量器具。量具可用或不用其他计量器具而进行测量工作，而且一般没有指示器，在测量过程中也没有运动的测量元件。例如：砝码、标准电池、固定电容器等。

应当指出，量具本身的数值并不一定刚好等于一个计量单位。例如：标准电池复现的是1.0186V，而不是1V。

上述有关计量学方面的基本知识，对于从事电子测量技术的工作者应当了解，并应能正确使用这些专业术语。

1.4.2　单位制

计量单位的确定和统一是非常重要的，必须采用公认的而且是固定不变的单位。只有这样，测量才有意义。

计量单位是有明确定义和名称并命其数值为1的一个固定的量。例如：1m、1s等。单位制是经过国际或国家计量部门以法律形式规定的。在国际单位制（代号SI）中包括了整个自然科学的各种物理量的单位。

1.5　测量误差的基本概念

一个量在被测量时，其本身所具有的真实大小，称为该量的真值。测量的目的是希望获得被测量的真值。然而，由于测量设备、测量方法、测量环境和测量人员素质等条件的限制，都会使测量结果与被测量的真值不同，这个差异称为测量误差。当测量误差过大时，则根据测量工作或测量结果所得出的结论或发现将是毫无意义的，甚至会给工作带来危害。研究测量误差的目的，就是要了解产生误差的原因及其产生规律，从而寻找减小测量误差的方法，使测量结果准确可靠。

1.5.1　测量误差的表示方法

测量误差有两种表示方法：绝对误差和相对误差。

1. 绝对误差

（1）定义　设被测量的真值为 A_0，测量所得到的被测量值为 x，则绝对误差 Δx 为

$$\Delta x = x - A_0$$

注意：这里所说的被测量值是指仪器的示值。

这里，当 $x > A_0$ 时，Δx 是正值；当 $x < A_0$ 时，Δx 是负值。所以 Δx 是具有大小、正负和量纲的数值。它的大小和符号分别表示测得值偏离真值的程度和方向。

例 1.1　一个被测电压，其真值 U_0 为 100V，用一只电压表测量，其指示值 U_x 为 101V，则绝对误差为

$$\Delta U = U_x - U_0 = 101\text{V} - 100\text{V} = +1\text{V}$$

这是正误差，表示以真值为参考基准，测量值大了 1V。

在某一时间及环境条件下，被测量的真值是客观存在的，但无法获得。因此，在实际测量中常以高一级标准仪器的示值 A 来代替真值 A_0，A 称为实际值，即

$$\Delta x = x - A$$

这是通常使用的表达式。

（2）修正值　与绝对误差的绝对值大小相等，但符号相反的量值，称为修正值，用 C 表示，即

$$C = -\Delta x = A - x$$

测量仪器在使用前都要经过高一级标准仪器的校正，校正量用修正值 C 表示，它通常以表格、曲线或公式的形式给出。

在日常测量中，使用该受检仪器测量所得到的结果应加上修正值，以求得被测量的实际值，即

$$A = x + C$$

例 1.2　用电流表测电流，其示值为 4.56mA，已知修正值为 -0.02mA，则被测电流为

$$A = x + C = 4.56\text{mA} - 0.02\text{mA} = 4.54\text{mA}$$

2. 相对误差

绝对误差虽然可以说明测得值偏离实际值的程度，但不能说明测量的准确程度。因此，除绝对误差外，误差的另一种表示是相对误差。

（1）定义　测量的绝对误差 Δx 与被测量的真值 A_0 之比（用百分数表示），称为相对误差，用 γ_0 表示，即

$$\gamma_0 = \frac{\Delta x}{A_0} \times 100\%$$

因为一般情况下不容易得到真值，所以，可以用绝对误差 Δx 与被测量的实际值 A 之比来表示相对误差，称为实际相对误差，用 γ_A 表示，即

$$\gamma_A = \frac{\Delta x}{A} \times 100\%$$

例 1.3　两个电压的实际值分别为 $U_{1A}=100V$，$U_{2A}=10V$；测得值分别为 $U_{1x}=99V$，$U_{2x}=9V$。求两次测量的绝对误差和相对误差。

解：

$$\Delta U_1 = U_{1x} - U_{1A} = 99V - 100V = -1V$$

$$\Delta U_2 = U_{2x} - U_{2A} = 9V - 10V = -1V$$

$$\gamma_{1A} = \frac{\Delta U_1}{U_{1A}} \times 100\% = \frac{-1}{100} \times 100\% = -1\%$$

$$\gamma_{2A} = \frac{\Delta U_2}{U_{2A}} \times 100\% = \frac{-1}{10} \times 100\% = -10\%$$

$|\Delta U_1| = |\Delta U_2|$，但 $|\gamma_{1A}| < |\gamma_{2A}|$。可见，用相对误差可以恰当地表征测量的准确程度。相对误差是一个只有大小和符号，而没有量纲的数值。

在误差较小，要求不太严格的场合，也可用测量值 x 代替实际值 A，因此而得到的相对误差称为示值相对误差，用 γ_x 表示，即

$$\gamma_x = \frac{\Delta x}{x} \times 100\%$$

式中的 Δx 由所用仪器的准确度等级定出，由于 x 中含有误差，所以 γ_x 只适用于近似测量。

（2）满度相对误差　绝对误差 Δx 与仪器满度值 x_m 的比值，称为满度相对误差（或引用相对误差），用 γ_m 表示，即

$$\gamma_m = \frac{\Delta x}{x_m} \times 100\%$$

因仪器仪表刻度线上各点示值的绝对误差并不相等，为了评价仪表的准确度，所以取最大的绝对误差 Δx_m。这里有

$$\gamma_m = \frac{\Delta x_m}{x_m} \times 100\%$$

γ_m 是仪器在工作条件下不应超过的最大相对误差，这种误差表示方法较多地用在电工仪表中。按 γ_m 值划分电工仪表的准确度等级分为 0.1、0.2、0.5、1.0、1.5、2.5、5.0 七级。上述等级值在仪表上通常用 s 表示。$s=1$，说明仪表的满刻度相对误差 $-1\% \leqslant \gamma_m \leqslant 1\%$。

由上述内容可知，测量的绝对误差为

$$\Delta x \leqslant x_m s\%$$

测量的相对误差为

$$\gamma_0 \leqslant \frac{x_m s\%}{A_0}$$

由式 $\Delta x \leqslant x_m s\%$ 可知，当一台仪表的等级 s 选定后，测量中绝对误差的最大值与仪表刻度的上限 x_m 成正比，因此，所选仪表的满刻度值不应比实测量 x 大得太多。同样，在式 $\gamma_0 \leqslant \frac{x_m s\%}{A_0}$ 中，总是满足 $x \leqslant x_m$，可见当仪表等级 s 选定后，x 越接近 x_m 时，测量中相对误差的最大值越小，测量越准确。因此，在用这类仪表测量时，在一般情况下应使被测量的值尽可能在仪表满刻度的 2/3 以上。

（3）分贝误差　用对数表示的相对误差称为分贝误差，在电子测量中，常用分贝（dB）

来表示相对误差。

对电流、电压类参量，即

$$\gamma_{dB} = 20\lg(1 + \gamma_x) \approx 8.69\gamma_x dB$$

对于功率类参量，有

$$\gamma_{dB} = 10\lg(1 + \gamma_x) \approx 4.3\gamma_x dB$$

1.5.2　测量误差的来源与分类

1. 误差来源

由上述知识可知，一切实际测量中都存在一定的误差。误差的产生是各种综合因素作用的结果，主要来源见表 1-1。

表1-1　误差来源

误差名称	来源说明
仪器误差	由于仪器本身设计上的不完善造成的误差，如校准不好，刻度不准等
使用误差	在仪器使用过程中，由于安装、调节、放置或使用不当造成的误差
人为误差	由操作者个人引起的误差，如读数时习惯偏大或偏小
环境误差	由各种外界环境，如温度、电磁场等的影响而产生的误差
方法误差	由于测量时所依据的理论不严密或应用不当的简化及近似公式引起的误差

2. 误差的分类

根据测量误差的性质和特点，可将它们分为系统误差、随机误差和过失误差。

（1）系统误差　在一定条件下，对某一物理量进行重复测量时，若误差值保持恒定或按某种确定规律变化，这种误差就称为系统误差。如电表零点不准，测量方法引起的误差，温度、电源电压等变化引起的误差均属系统误差范畴。

系统误差具有一定的规律性。根据系统误差产生的原因，采取一定的技术措施，可以消除或减弱它。

（2）随机误差　在一定条件下，对某一物理量进行重复测量时，若误差发生不规则的变化，则这种误差就称为随机误差或偶尔误差。例如：外界干扰或操作者感觉器官无规则的微小变化等引起的误差。

在多次测量中，随机误差具有有界性、对称性、抵偿性，所以，可以通过多次测量取平均值的办法来减小随机误差。

（3）过失误差　在一定条件下，测量值显著偏离其实际值的误差，称过失误差或粗大误差。这种误差主要是操作者粗心大意造成操作失误或读错数据等引起的。

过失误差明显歪曲了测量结果，因此，对应的测量结果（称坏值）就应剔除不用。

1.6　误差的合成

前述是直接测量的误差计算方法，在很多场合，由于进行直接测量很困难或直接测量难以保证准确度，而需要采用间接测量。

通过直接测量与被测量有一定函数关系的其他参数，再根据函数关系算出被测量。在这种测量中，测量误差是各个测量值误差的函数。

已知被测量与各参数之间的函数关系及各测量值的误差,求函数的总误差,这就是误差的合成。例如,功率、增益等电参数的测量,一般是通过电压、电流、电阻等直接测量值计算出来的,如何用各分项误差求出总误差是经常遇到的问题。所以,了解常用的误差合成方法是有必要的。

下面是常用函数的合成误差公式,这里略去了推算过程。

1.6.1　和、差函数的合成误差

设 $y = A \pm B$,A 与 B 的绝对误差分别为 ΔA 与 ΔB,则
　　y 的绝对误差为

$$\Delta y = \pm(|\Delta A| \pm |\Delta B|)$$

和函数的相对误差为

$$\gamma_y = \pm\left(\frac{A}{A+B}|\gamma_A| + \frac{B}{A+B}|\gamma_B|\right)$$

差函数的相对误差为

$$\gamma_y = \pm\left(\frac{A}{A-B}|\gamma_A| + \frac{B}{A-B}|\gamma_B|\right)$$

例 1.4　有两个电阻(R_1 和 R_2)串联,$R_1 = 5k\Omega$,$R_2 = 10k\Omega$,其相对误差均等于 $\pm 5\%$,求串联后的总误差。

解:串联后的总电阻 $R = R_1 + R_2$

所以　　　　　　　　$$\gamma_R = \pm\left(\frac{R_1}{R_1+R_2}|\gamma_{R_1}| + \frac{R_2}{R_1+R_2}|\gamma_{R_2}|\right)$$

当 $\gamma_{R_1} = \gamma_{R_2}$ 时

$$\gamma_R = \pm\frac{R_1+R_2}{R_1+R_2}|\gamma_{R_1}| = \gamma_{R_1} = \gamma_{R_2}$$

实际计算结果

$$\gamma_R = \pm\left(\frac{5}{5+10} \times 5\% + \frac{10}{5+10} \times 5\%\right) = \pm 5\%$$

可见,相对误差相同的电阻串联后总的相对误差与单个电阻的相对误差相同。

通过本例提示我们,误差合成时不要想当然给出结果。例 1.4 中的和函数的相对误差并不等于两个变量的相对误差之和。

1.6.2　积函数的合成误差

设　$y = A \cdot B$,A 与 B 的绝对误差分别为 ΔA 与 ΔB,则
　　y 的绝对误差为

$$\Delta y = B\Delta A + A\Delta B$$

　　y 的相对误差为

$$\gamma_y = \gamma_A + \gamma_B$$

此式说明,用两个直接测量值的积来求第三个量值时,其总的相对误差等于各分项误差相加。当 y_A 和 y_B 分别都有 $\pm$ 号时,有

$$\gamma_y = \pm(|\gamma_A| + |\gamma_B|)$$

例 1.5 已知电阻上的电压、电流的相对误差分别为 $\gamma_U = \pm 3\%$，$\gamma_I = \pm 2\%$，问：电阻消耗功率 P 的相对误差是多少？

解： 因为电阻消耗功率为 　$P = UI$

所以，电阻消耗功率的相对误差为

$$\gamma_P = \pm(|\gamma_U| + |\gamma_I|) = \pm(3\% + 2\%) = \pm 5\%$$

1.6.3　商函数的合成误差

设 　$y = \dfrac{A}{B}$，A 与 B 的绝对误差分别为 ΔA 与 ΔB，则

y 的绝对误差为

$$\Delta y = \frac{1}{B}\Delta A + \left(-\frac{A}{B^2}\right)\Delta B$$

y 的相对误差为

$$\gamma_y = \gamma_A - \gamma_B$$

此式说明，用两个直接测量值的商来求第三个量值时，其总的相对误差等于两个分项误差相减。但是，当分项相对误差的符号不能确定时，取其最大误差

$$\gamma_y = \pm(|\gamma_A| + |\gamma_B|)$$

例 1.6 已知电阻及其两端的压降相对误差分别为 $\pm 3\%$、$\pm 5\%$，求流过该电阻电流的相对误差。

解： 因为流过电阻的电流为

$$I = \frac{U}{R}$$

所以，电流的相对误差为

$$\gamma_I = \pm(3\% + 5\%) = \pm 8\%$$

1.6.4　和、差、积、商函数的合成误差

设 $y = \dfrac{AB}{A+B}$，A 与 B 的绝对误差分别为 ΔA 与 ΔB，则

y 的绝对误差为

$$\Delta y = \left(\frac{B}{A+B}\right)^2 \Delta A + \left(\frac{A}{A+B}\right)^2 \Delta B$$

y 的相对误差为

$$\gamma_y = \frac{B}{A+B}\gamma_A + \frac{A}{A+B}\gamma_B$$

这组公式可以求得并联电阻、串联电容等总电阻、总电容的误差。

1.7　测量结果的处理

测量结果的处理是电子测量的重要组成部分，其处理方式通常有数据处理和图解分析两种形式。

1.7.1　数据处理

数据处理首先要认真如实地记录测量结果，对那些与理论值或估计值相差甚远的数据，在未查明原因前，不要轻意舍去或改动，因为这些数据可能反映了测量仪器存在的故障或是某种科学新发现的信号。在此基础上，就可以对测量的数据进行去粗取精的整理和分析，做出合理的结论。

1. 有效数字

所谓有效数字是指从左边第一个非零数字开始，直至右边最后一个数字为止的所有的数字。如：某电压值为 0.035 0V，其中 3、5、0 三个数字就是有效数字，左边的两个 "0" 是非有效数字，而数字右边（或中间）的 "0" 是有效数字；最末位的有效数字 "0" 是估测的，因此称为欠准数字，它左边的有效数字均为准确数字。需要特别注意的是，像这样的数字不能任意把它改写成 0.035 或 0.035 00，因为这意味着准确程度的变化。

此外，对于 219 000Hz 这样的数字，若实际上在百位数上就包含了误差，即只有四位有效数字，这时，百位数字上的零是有效数字不能去掉，但十位和个位数上的零虽然不再是有效数字，可是它们要用来表示数字的位数，也不能任意去掉。这时，为了区别右面三个零的不同，通常采用有效数字乘上 10 的幂的形式表示。如上述 219 000Hz，若写成有四位有效数字，则应写为 2.190×10^5 Hz。

2. 数字的舍入规则

如果给出的数字位数超过保留位数的有效数字，应予删略。删略多余的有效数字应按 "四舍五入" 的原则进行，即遇到大于 5 的数，则前一位加 1，遇到小于 5 的数，舍去；若遇到等于 5 的数，则有两种处理方法：若 5 前面的数字为偶数或零则舍掉；若 5 前面的数字为奇数则前一位加 1。

例 1.7　将下列数字保留三位有效数字。

24.54，56.251，48.065，47.15，18 450，45 150

解： 将原数字列于箭头左面，要求的结果列于右面：

24.54 $\longrightarrow$ 24.5　　　　　　　56.251 $\longrightarrow$ 56.2

48.065 $\longrightarrow$ 48.1　　　　　　47.15 $\longrightarrow$ 47.2

18 450 $\longrightarrow$ 1.84×10^4　　　4 515 $\longrightarrow$ 4.52×10^3

1.7.2　图解分析法

图解分析法就是根据测量数据做出一条或一组反映参数变化的曲线，对结果进行定量分析的方法。它具有形象、直观的特点，如放大器的幅频特性曲线。在进行图解分析时，应注意以下几点：

1）除特殊情况外，一般应选用直角坐标系。

2）坐标的比例可根据需要合理选择，且纵横坐标的比例不一定相同。

3）由于测量误差的存在，各数据点不会刚好同时处在同一条平滑的曲线上，因此，在连接各数据点作曲线时，要进行曲线修匀工作。为了能使修匀的曲线不失真，要进行多组数据的测量。

本 章 小 结

本章介绍了电子测量和电子测量仪器的基本知识。

1. 电子测量的意义、内容、特点和分类。

2. 电子测量要注意实验室内的测量环境；要了解电子测量仪器的主要技术指标；要注意电子测量仪器的正确放置和连接；电子测量仪器的接地方式有：安全接地、技术接地。

3. 计量学是研究测量、保证测量统一和准确的科学；计量器具是指用以直接或间接测出被测量量值的量具、计量仪器和计量装置，包括计量基准和计量标准；计量单位是经过国际或国家计量部门以法律形式规定的。

4. 测量结果是有误差的。测量误差的表示方法有绝对误差和相对误差。

绝对误差有大小、符号和量纲；修正值是和绝对误差大小相等，而符号相反的量值。

相对误差确切反映了测量的准确程度，它只有大小及符号，没有量纲。通常用最大引用相对误差确定电工测量仪表的准确度等级。根据最大引用相对误差理论得出：在用电工仪表测量时，在一般情况下应使被测量的值尽可能在仪表满刻度的 2/3 以上。

分贝误差是用对数表示的相对误差。

5. 常用函数合成误差，和、差、积和商函数的误差是电子测量中常用的合成形式。

6. 误差的主要来源是：仪器误差、使用误差、人为误差、环境误差和方法误差。

根据误差的性质，将测量误差分为系统误差、随机误差和过失误差。

7. 测量结果的表示通常用有效数字法和图解分析法，不可随意改变测量结果的有效数字位数。数字的舍入规则遵循"四舍五入"法则。

练 习 题

1. 什么叫电子测量？电子测量具有哪些特点？

2. 在测量电流时，若测量值为 100mA，实际值为 97.8mA，则绝对误差和修正值分别为多少？若测量值为 99mA，修正值为 4mA，则实际值和绝对误差又分别为多少？

3. 若测量 10V 左右的电压，有两块电压表可用。其中一块量程为 150V、0.5 级；另一块是 15V、2.5 级。问选用哪一块电压表测量更准确？

4. 用 0.2 级 100mA 的电流表与 2.5 级 100mA 的电流表串联测量电流。前者示值为 80mA，后者示值为 77.8mA。

(1) 如果把前者作为标准表校验后者，问被校表的绝对误差是多少？应当引入修正值是多少？测得值的实际相对误差为多少？

(2) 如果认为上述结果是最大误差，则被校表的准确度等级应定为几级？

5. 实验中，仪器放置应遵从什么原则？

6. 根据误差理论，在使用电工仪表时如何选用量程？为什么？

7. 已测定两个电阻：$R_1 = (10.0 \pm 0.1)\Omega$，$R_2 = 150(1 \pm 0.1\%)\Omega$，试求两电阻串联及并联时的总电阻和相对误差。

8. 图 1-1b、d 所示仪器的连线有误，请绘出正确的连线图。

9. 将下列数据进行舍入处理，要求保留三位有效数字。

　　7 248　　　81.64　　　20.75　　　3.165

10. 写出下列数据中的有效数字，并指出准确数字和欠准数字。

　　　1 356　　　1 900 008　　　0.120 009　　　0.00 098　　　000 819

第 2 章　信号发生器

~~~~~~

内容提要：

　　本章主要介绍常用信号发生器的组成原理与使用方法。通过学习，要求熟悉各种信号发生器的技术性能指标，重点掌握低、高频信号发生器的组成原理及使用方法，并了解函数信号发生器的基本原理。

~~~~~~

2.1　概述

　　信号发生器是指测量用信号发生器，它可以提供电子测量的各种不同频率电信号（正弦信号、方波、三角波等），其幅值也可按需要进行调节，是最基本和应用最广泛的电子测量仪器之一。

2.1.1　信号发生器的分类

　　信号发生器种类繁多、用途广泛，可分为通用信号发生器和专用信号发生器两大类。专用信号发生器是为某种特殊用途而设计、生产的，能提供特殊的测量信号，如电视信号发生器、调频信号发生器等。通用信号发生器具有广泛而灵活的应用性，可大致分类如下。

　　1. 按输出波形分类

　　可分为正弦信号发生器、函数信号发生器、脉冲信号发生器等。其中，正弦信号发生器在线性系统的测试中应用最广。因为正弦波形不受线性系统的影响，即作为正弦输入信号，经线性系统运行之后，其输出仍为同频正弦信号，不会产生畸变，只是幅值和相位略有差别。函数信号发生器也比较常用，因为它不仅可以产生多种波形，而且信号频率范围较宽。脉冲信号发生器主要用来测量脉冲数字电路的工作性能和模拟电路的瞬态响应。

　　2. 按工作频率分类

　　根据工作频率的不同，信号发生器可分为超低频、低频、视频、高频、甚高频、超高频几大类。其工作频率范围见表 2-1。

表 2-1　信号发生器工作频率范围

类　型	频率范围	类　型	频率范围
超低频信号发生器	0.000 1Hz～1kHz	高频信号发生器	200kHz～30MHz
低频信号发生器	1Hz～1MHz	甚高频信号发生器	30～300MHz
视频信号发生器	20Hz～10MHz	超高频信号发生器	300MHz 以上

　　注意：频率范围的划分并不是绝对的，各类信号发生器频率范围也存在重叠的情况，这与它们的不同应用范围有关。例如：有的低频信号发生器频率上限高于 1MHz；有时也将

300kHz ～ 6MHz 划分为视频信号发生器的频率范围等。

2.1.2　信号发生器的一般组成

图 2-1 所示为信号发生器的一般框图。不同类型信号发生器的组成有所不同，但其基本结构是相似的，主要由主振器、变换器、输出电路、电源、指示器等五部分构成。

图 2-1　信号发生器的一般构成框图

1. 主振器

主振器是信号发生器的核心，它产生不同频率、不同波形的信号。信号发生器的一些重要工作特性（如工作频率、频率的稳定度等）基本上由主振器的状态来决定。

2. 变换器

变换器用于完成对主振器信号的放大、整形及调制等工作。一般来说，振荡器的输出信号都比较微弱，需要进行放大整形。对高频信号发生器而言，它还具有对正弦信号进行调制的作用。

3. 输出电路

输出电路的基本作用是调节输出信号的电平和变换输出阻抗，以提高带负载能力。一般为衰减器、跟随器及匹配变压器等。

4. 指示器

指示器用以检测输出信号的电平、频率及调制度，它可能是电压表、功率计、频率计或调制度仪等。

注意： 指示器本身的准确度一般不高，其指示值仅供使用时参考。

5. 电源

电源为信号发生器各部分提供所需的直流电压。通常是将 50Hz 的市电经变压、整流、滤波及稳压后得到的。

2.1.3　信号发生器的主要技术指标

信号发生器的技术指标是指向被测电路提供符合要求的测试信号，主要包括以下三项指标。

1. 频率特性

频率特性包括有效频率范围、频率准确度和频率稳定度。

（1）有效频率范围　有效频率范围是指各项指标均能得到保证时的输出频率范围。在该频率范围内，有的要求频率连续可调，有的分波段连续调节，有的则由一系列离散频率覆盖。例如：XFE—6 型高频信号发生器，其频率范围为 4～300MHz，分为 8 个连续可调波段。

（2）频率准确度　频率准确度是指频率实际值 f_x 与其标称值 f_0 的相对偏差，其表达式为

$$\alpha = \frac{f_x - f_0}{f_0} = \frac{\Delta f}{f_0}$$

（3）频率稳定度　频率稳定度是指在一定时间内频率准确度的变化，它表征信号发生器维持工作于某一恒定频率的能力，即频率准确度是由振荡器的频率稳定度来保证的。频率稳定度可分为短期稳定度和长期稳定度。

1）频率短期稳定度：信号发生器经规定时间内（15min）预热后，输出频率产生的最大变化，表示为

$$\delta = \frac{f_{\max} - f_{\min}}{f_0}$$

式中　$f_{\max}$、$f_{\min}$——分别为频率在任何一个规定时间间隔内的最大值和最小值。

一般来说，振荡器的频率稳定度应比所要求的频率准确度高 1~2 个数量级。

2）频率长期稳定度：信号发生器在长时间内（如 3h，24h 等）频率的变化。

2. 输出特性

（1）输出形式　信号发生器的输出形式包括如图 2-2 所示的平衡输出（即对称输出 u_2）和不平衡输出（即不对称输出 u_1）两种形式。

输出阻抗因信号发生器的类型不同而不同。低频信号发生器的电压输出端阻抗一般为 600Ω（或 1kΩ），功率输出端一般有匹配变压器，故有 50Ω、

图 2-2　信号发生器的输出形式

150Ω、600Ω、5kΩ 等不同的输出阻抗。高频率信号发生器一般只有 50Ω 或 75Ω 两种不平衡输出阻抗。

注意：在使用高频信号发生器时，应使输出阻抗与负载相匹配。

（2）输出波形及其非线性失真　输出波形是指信号发生器所能产生信号的波形（函数信号发生器除可以输出正弦波外，还可以输出三角波、方波、锯齿波等）。正弦信号发生器应输出单一频率的正弦信号，但由于非线性失真、噪声等原因，其输出信号中都含有谐波等其他成分，即信号的频谱不纯。用来表征信号频谱纯度的技术指标就是非线性失真度 γ，一般 γ 应小于 1%。

3. 调制特性

对高频信号发生器来说，一般还能输出调幅波和调频波，有的还带有调相和脉冲调制等功能。当调制信号由信号发生器内部产生时，称为内调制。当调制信号由外部电路或低频信号发生器提供时，称为外调制。高频信号发生器的调制特性包括调制方式、调制频率、调制系数以及调制线性等。例如，QF1481 型合成信号发生器同时具有调幅、调频、调相和脉冲调制特性。

2.2　低频信号发生器

低频信号发生器的输出频率范围通常为 20Hz~20kHz，又称为音频信号发生器。但是，现在低频信号发生器的频率范围已延伸到 1Hz~1MHz 频段，且可以产生低频正弦信号、方波信号及其他的波形信号。它是一种多功能、宽量程的电子仪器，广泛用于测试低频电路、

传输网络、广播和音响等电声设备，还可为高频信号发生器提供外部调制信号。

2.2.1 低频信号发生器的组成与原理

图 2-3 所示为低频信号发生器组成框图。它主要包括主振器、电压放大器、输出衰减器、功率放大器、阻抗变换器和指示电压表等。

图 2-3　低频信号发生器的组成框图

1. 主振器

主振器是低频信号发生器的核心，产生频率可调的正弦信号，一般由 RC 振荡器或差频式振荡器这两种电路组成。主振器决定了输出信号的频率范围和稳定度。

（1）RC 双臂电桥式振荡器　在低频信号发生器中，RC 双臂电桥式振荡器由于具有输出波形失真小、振幅稳定、频率调节方便和频率可调范围宽等特点，所以被普遍应用于低频信号发生器的主振器中。图 2-4 所示为 RC 双臂电桥式振荡器的电路原理图，其中 RC 串并联网络构成选频网络，调整 R、C 值可改变主振器的频率；R_1、R_2 构成负反馈桥臂，可实现自动稳幅。整个电路频率的调节是通过改变桥路电阻 R 值和电容 C 值进行的，即用波段开

图 2-4　RC 双臂电桥式振荡器的电路原理图

关改变 R 进行频率粗调；在同一段中利用改变电容 C 的值来实现频率的连续调节（频率细调）。由此可见，主振器能产生与低频信号发生器频率一致的低频正弦输出信号。

只有当振荡器输出频率 $f = f_0 = \dfrac{1}{2\pi RC}$ 时，RC 选频网络才呈纯阻性，反馈系数 $F = 1/3$ 达到最大。此时，RC 双臂电桥式振荡器满足正反馈条件，从而产生一个频率为 f_0 的稳幅正弦波形。

（2）差频式振荡器　双臂电桥式振荡器每个波段的频率覆盖系数，即最高频率与最低频率之比为 10。因此，要覆盖 1Hz ～ 1MHz 的频率范围，至少需要五个波段。为了在不分波段的情况下得到很宽的频率覆盖范围，可以采用差频式低频振荡器，图 2-5 所示

图 2-5　差频式低频振荡器

为其组成框图。

例如：假设 $f_2=3.4\mathrm{MHz}$，f_1 可调范围为 3.399 7～5.1MHz，则振荡器输出差频信号频率范围为 300Hz(3.4MHz－3.399 7MHz)～1.7MHz(5.1MHz－3.4MHz)。

可见，差频式振荡器产生的低频正弦信号频率覆盖范围很宽，且无需转换波段就可在整个高频频段内实现连续可调。但其缺点是电路复杂，频率稳定度差。

2. 放大器

低频信号发生器的放大器一般包括电压放大器和功率放大器，以实现输出一定电压幅度和功率的要求。电压放大器把振荡器产生的微弱信号进行放大，并将功率放大器、输出衰减器以及负载与振荡器隔离，以防止对振荡信号的频率产生影响。所以，又把电压放大器称为缓冲放大器。

3. 输出衰减器

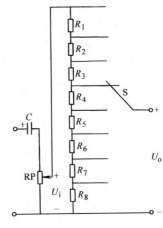

图 2-6　衰减器原理图

输出衰减器用于改变信号发生器的输出电压或功率，由连续调节器和步进调节器组成。常用的输出衰减器原理图如图 2-6 所示，图中电位器 RP 为连续调节器（细调），电阻 R_1～R_8 与开关 S 构成步进衰减器，开关 S 为步进调节器（粗调）。调节 RP 或变换开关 S 的档位，均可使衰减器输出不同的电压。步进衰减器一般以分贝（dB）值，即 $20\lg(U_\mathrm{o}/U_\mathrm{i})$ 标注刻度。

4. 输出级

输出级包括功率放大器、阻抗变换器和指示电压表几部分。功率放大器对衰减器输出的电压信号进行功率放大，使信号发生器达到额定功率输出。功率放大器与阻抗变换器相接，这样可以得到失真较小的波形和最大的功率输出，并能实现与不同负载的匹配。阻抗变换器只有在功率输出时才使用，电压输出时只需衰减器即可。指示电压表用于监测输出电压或对外部输入电压进行测量。

2.2.2　低频信号发生器的主要性能指标

通用低频信号发生器的主要技术指标如下：

（1）频率范围　一般为 1Hz～20kHz（已延伸到 1MHz），且均匀连续可调。

（2）频率准确度　±(1～3)%。

（3）频率稳定度　一般为 (0.1～0.4)%/h(小时)。

（4）输出电压　0～10V 连续可调。

（5）输出功率　0.5～5W 连续可调。

（6）非线性失真范围　(0.1～1)%。

（7）输出阻抗　有 50Ω、75Ω、150Ω、600Ω、5kΩ 等几种。

（8）输出形式　平衡输出与不平衡输出。

2.2.3　低频信号发生器的使用方法

尽管低频信号发生器的型号很多，但它们的使用方法基本上是类似的。

1. 熟悉面板

仪器面板结构通常按功能分区，一般包括：波形选择开关、输出频率调节（包括波段、粗调、微调）旋钮、幅度调节旋钮（包括粗调、细调）、阻抗变换开关、指示电压表及量程选择、输出接线柱等。

2. 掌握正确的操作步骤

（1）准备工作　将幅度调节旋钮调至最小位置（逆时针旋到底），开机预热几分钟，待仪器稳定后方可投入使用。

（2）输出频率调节　按需要选择合适的波段，将频率度盘粗调于相应的频率点上，而频率微调旋钮一般置于零位。

（3）输出阻抗的配接　根据外接负载阻抗的大小，调节阻抗变换开关至相应的档级以便获得最佳的负载阻抗匹配。否则，当仪器输出阻抗与负载阻抗失配过大时，将会引起输出功率小、输出波形失真大等现象。

（4）输出形式的选择　根据外接负载电路的不同输入方式，用短路片对输出接线柱的接法进行变换以实现相应的平衡输出或不平衡输出。当输出衰减至 8Ω 档时，只能作不平衡输出。

（5）输出电压的调节和测读　通过调节幅度调节旋钮可以得到相应大小的输出电压。在使用衰减器（0dB 档除外）时，由于指示电压表的示值是未经衰减器之前的电压（如图2-3所示），故实际输出电压的大小为：示值÷电压衰减倍数。例如：信号发生器的指示电压表示值为20V，衰减分贝数为60dB，输出电压应为 0.02V($20\ V \div 10^{60/20} = 0.02\ V$）。表2-2列出了衰减分贝数与电压衰减倍数的对应关系。

表 2-2　衰减分贝数（dB）与电压衰减倍数的对应关系

衰减分贝数/dB	10	20	30	40	50	60	70	80	90
电压衰减倍数	3.16	10	31.6	100	316	1 000	3 160	10 000	31 600

3. 使用注意事项

1）使用中，输出端两根接线应采用屏蔽线，且不可以任意放置，以防止短接而造成仪器的损坏和外界环境的干扰。

2）电压输出时，若负载电阻小于 600Ω，输出波形失真增大。在功率输出 50Ω、75Ω、150Ω、600Ω、$5k\Omega$ 档时，若负载阻抗失配过大，会引起输出功率减小和波形失真增大。

3）调节电压幅度时，若需减小输出衰减档级，应先将输出细调旋钮逆时针旋至 0 位，然后逐渐调至高档位。待输出衰减档级置好后，再逐渐增大输出细调，直至所需值。

4）各输出衰减档的实际输出电压等于电压表的指示值乘以该档的电压衰减倍数。

5）使用结束，应将输出衰减置于最大档（90dB），输出细调置于 0 位，为下次使用作好准备。

2.2.4　低频信号发生器在测量放大倍数时的应用

放大倍数是放大器的重要性能指标之一，包括电压放大倍数、电流放大倍数、功率放大倍数等。在低频电子电路中，放大倍数的测量实质是对电压和电流的测量。测试电路如图 2-7所示。

低频信号发生器输出中频段的某一频率（如音频放大器可选 1kHz 左右）信号，加到被测电路的输入端。输入幅度由毫伏表监测，不要过大，否则输出会失真。同时用毫伏表和示波器测试输出，使输出信号在基本不失真、无振荡和严重干扰的情况下进行定量测试。电压放大倍数为

$$A_U = U_o/U_i$$

式中　U_o——被测放大器输出电压有效值；

　　　U_i——被测放大器输入电压有效值。

图 2-7　放大器放大倍数测量连线图

2.3　高频信号发生器

高频信号发生器也称射频信号发生器，通常产生 200kHz～30MHz 的正弦波或调幅波信号，在高频电子电路工作特性（如各类高频接收机的灵敏度、选择性等）的调整测试中应用较广。目前，高频信号发生器的频率已延伸到 30～300MHz 的甚高频信号范围，通常还具有一种或一种以上调制或组合调制功能，包括正弦调幅、正弦调频及脉冲调制，特别是具有 μV 级的小信号输出，以满足接收机测试的需要。

2.3.1　高频信号发生器的组成与原理

高频信号发生器组成的基本框图如图 2-8 所示，主要包括主振器、缓冲级、调制级、输出级、衰减器、内调制振荡器、监测器和电源等部分。

图 2-8　高频信号发生器组成框图

主振器是信号发生器的核心。一般采用可调频率范围宽、频率准确度高和稳定度好的 LC 振荡器，它用于产生高频振荡信号。该信号经缓冲后送到调制级进行幅度调制和放大，然后再送至输出级输出，进而保证有一定的输出电平调节范围。监测器监测输出的载波电平和调制系数，电源电路用于提供各部分所需的直流电压。

其中主要部分单元电路功能如下：

1. 可变电抗器

可变电抗器与主振级的谐振回路相耦合，在调制信号作用下，控制谐振回路电抗的变化而实现调频功能。为了使高频信号发生器有较宽的工作频率范围和主振器工作在较窄的频率范围，以提高输出频率的稳定度和准确度，必要时可在主振级之后加入倍频器、分频器和混频器等。

2. 内调制振荡器

内调制振荡器用于为调制级提供频率为 400Hz 或 1kHz 的内调制正弦信号，该方式称为内调制。当调制信号由外部电路提供时，称为外调制。

3. 调制级

尽管正弦信号是最基本的测试信号，但有些参量用单纯的正弦信号是不能测试的，如各种接收机的灵敏度、失真度和选择性等，所以必须采用与之相应的、已调制的正弦信号作为测试信号。

高频信号发生器主要采用正弦幅度调制（AM）、正弦频率调制（FM）、脉冲调制（PM）、视频幅度调制（VM）等几种调制方式。其中，内调制振荡器供给调制级调幅时所需的音频正弦信号；调频技术因具有较强的抗干扰能力而得到了广泛的应用。但调频后信号占据的频带较宽，故此调频技术主要应用在甚高频以上的频段（一般频率在 30MHz 以上的信号发生器才具有调频功能）。

4. 输出级

输出级包括功率放大、输出衰减和阻抗匹配等几部分电路。其中功率放大和输出衰减电路在低频信号发生器中已经讲过，不再赘述。由于高频信号发生器必须工作在阻抗匹配的条件下（其输出阻抗一般为 50Ω 或 75Ω），否则将影响衰减系数、前一级电路的正常工作，降低输出功率或在输出电缆中出现驻波等。因此，必须在高频信号发生器输出端与负载之间加入阻抗变换器以实现阻抗的匹配。

2.3.2 高频信号发生器的主要性能指标

以 XFG—7 型高频信号发生器为例说明高频信号发生器的主要性能指标。

（1）频率范围 100kHz～30MHz，分 11 个波段；频率刻度误差 $\pm 1\%$。

（2）输出电压与输出阻抗 在 "0～0.1V" 插孔，分 $10\mu V$，$100\mu V$，1mV，10mV，100mV 五档，每档可以微调，输出阻抗为 40Ω。

在 "0～1V" 插孔，输出 0～1V，且连续可变，输出阻抗约为 400Ω。

在有分压电阻时的电缆（电缆分压器）终端，"0.1" 插口输出电压为 $0.1\mu V$～10mV，输出阻抗为 8Ω。"1" 插口输出电压为 0～0.1V，输出阻抗为 40Ω。

（3）调幅频率 内调幅分 400Hz 和 1kHz 两种频率，误差均为 $\pm 5\%$；外调幅 50～8 000kHz 连续可调，外部调制信号可由 XD—2 低频信号发生器供给。

2.3.3 高频信号发生器在调收音机中频时的应用

高频信号放大器是一种载波频率、调幅度范围（0～100%）连续可调的标准高频信号发生器。可用于调整修理各种接收机，还可用于测试调制器、滤波器和高频放大器等。

超外差式收音机中频变压器的调整又称校中周，即调整中周磁心或磁帽使中频选频电路的谐振频率为 465kHz，从而保证中频信号得到充分的放大（这里的 465kHz 实质上为高频信号范畴，但对收音机习惯上称之为中频信号）。中频调整的好坏对收音机的灵敏度等指标有决定性的影响。调试电路如图 2-9 所示，调整的步骤如下。

图 2-9　用高频信号发生器调收音机中周

1）将高频信号发生器按要求调在载频为 465kHz、调幅度为 30％ 的调幅信号上，然后把该信号引入收音机的天线调谐电路中，再将示波器、电子电压表接入前置低放级的输出端。使本振电路停振（本振电路的可变电容动片、定片短路），调双联电容使收音机位于中波段的低端，音量电位器开关打到最大。

2）由小到大调高频信号发生器的输出信号，直到能听到扬声器发出调制音频信号的声音。

3）用无感旋具（不锈钢、铝片、胶木等）从后向前反复调各级中周的磁心，直到扬声器的声音最响或毫伏表的指示值最大，同时示波器显示的波形不失真为止。此时表明，收音机的中频调整完好。

2.3.4　锁相技术简介

一般高频信号发生器主要采用 LC 振荡器，经分析其工作频率为

$$f_\circ = \frac{1}{2\pi \sqrt{LC}}$$

与 RC 振荡器一样，为了产生单一的正弦振荡频率，LC 振荡器必须具有选频特性，即通过改变电感 L 来改变频段，改变电容 C 来进行频段内的频率微调。通常我们把这种由调谐振荡器构成的信号发生器称为调谐信号发生器。尽管传统的调谐信号发生器指标不高，但价格低廉，所以在要求不高的场合较受欢迎。20 世纪 70 年代以来，随着宽带技术、倍频和分频数字电子技术的发展，逐步提高了信号发生器的可靠性、稳定性和调幅特性。

近年来，随着通信技术和电子测量水平的不断发展与提高，对信号发生器输出频率稳定度和准确度的要求越来越高，而一个信号发生器的这些指标在很大程度上是由主振器所决定的。普通的 LC 振荡器已满足不了高性能信号发生器的技术要求，若利用频率合成技术代替调谐信号发生器中的 LC 振荡器，就可以有效地解决上述问题。

锁相信号发生器是在高性能的调谐信号发生器中进一步增加了频率计数器，并将信号发生器的振荡频率用锁相原理锁定在频率计数器的时基上，而频率计数器又是以高稳定度的石英晶体振荡器为基准频率的，因此，可使锁相信号发生器的输出频率稳定度和准确度大大提高，即能达到与基准频率相同的水平。

图 2-10 所示为锁相信号发生器的基本框图。它主要由基准频率源、鉴相器（PD）、低通滤波器（LPF）和压控振荡器（VCO）构成一个闭环负反馈系统，所以习惯上又称之为锁相环电路。

锁相环电路的工作过程（锁相原理）为：利用鉴相器（PD）比较 f_i 与 $f_\circ$ 的相位差 $\Delta\varphi$，

图 2-10　基本锁相环电路框图

输出与 $\Delta\varphi$ 成正比的误差电压 U_d，U_d 经 LPF 滤波后送至 VCO，改变 VCO 的固有振荡频率 f_o，并使 f_o 向基准频率源输入频率 f_i 靠拢，这个过程称为频率牵引。当 $f_o = f_i$ 时，环路很快就稳定下来，此时 PD 的两个输入信号的相位差为一个恒定值，即 $\Delta\varphi = C$（C 为常量），这种状态称为环路的相位锁定状态。

可见，当环路锁定时，输入信号频率 f_i 等于输出信号频率 f_o，输出频率 f_o 具有与 f_i 相同的频率特性，即锁相环能够使 VCO 输出频率的指标与基准频率的指标相同。

锁相技术在频率合成中的应用非常广泛，其具体内容可参考其他有关书籍。

2.4　函数信号发生器

函数信号发生器实际上是一种能产生正弦波、方波、三角波等多种波形的信号发生器（频率范围约几毫赫到几十兆赫），由于其输出波形均为数学函数，故称为函数信号发生器。现代函数信号发生器一般具有调频、调幅等调制功能和压控频率（VCF）特性，被广泛应用于生产测试、仪器维修和实验室等工作中，是一种不可缺少的通用信号发生器。

2.4.1　函数信号发生器的组成与原理

函数信号发生器的构成方式有多种，主要介绍以下比较常见的两种。

1. 方波—三角波—正弦波方式（脉冲式）

脉冲式函数信号发生器先由施密特电路产生方波，然后经变换得到三角波和正弦波形，其组成如图 2-11 所示。它包括双稳态触发器、积分器和正弦波形成电路等部分。双稳态触发器通常采用施密特触发器，积分器则采用密勒积分器。

图 2-11　脉冲式函数信号发生器的组成原理框图

脉冲式函数信号发生器的工作过程为：假设开关 S_1 悬空，当双稳态触发器输出为 $u_1 = U_1$ 时，积分器输出 u_2 将开始线性下降，当 u_2 下降到参考电平 $-U_r$ 时，比较器使双稳态触发器翻转，u_1 由 U_1 变为 $-U_1$，同时 u_2 将以与线性下降时相等的速率线性上升。当 u_2 上升到等于参考电平 U_r 时，双稳态触发器又翻转回去，于是完成一个循环周期。不断重复上述过程，可以得到方波信号 u_1、三角波信号 u_2，u_2 经过正弦波形成电路再变换成的正弦波，三种波形最后经过输出级放大后，在输出端即可得到所需的各自波形。上述过程的工作波形如图 2-12a 所示。

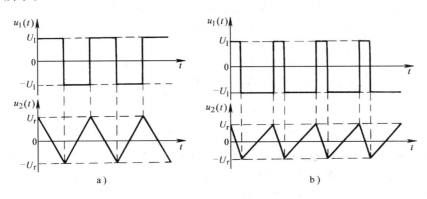

图 2-12　脉冲式函数信号发生器的工作波形图

若 S_1 与 VD_2 相接，当触发器输出为 U_1 时，VD_2 导通，R_3 被短路，积分器输出很快下降。当下降到 $-U_r$ 时，触发电路翻转，触发器输出为 $-U_1$，VD_2 截止，R_3 接入电路，积分器输出缓慢上升，形成正向锯齿波 $u_2(t)$，触发器输出为矩形波 $u_1(t)$，如图 2-12b 所示。若 S_1 与 VD_1 相接，则可得到反向锯齿波和极性相反的矩形波。

综上可见，脉冲式函数信号发生器无独立的主振器，而是由施密特触发器、积分器和比较器构成自成闭合回路的自激振荡器，它产生的最基本波形是方波和三角波。调换积分电容或改变电位器 RP 可以改变输出信号的频率。如果在电阻 R_3 两端并接一支二极管 VD_1（或 VD_2），可使积分器充放电时间常数不等，由此得到矩形波和反向锯齿波（或正向锯齿波），如果再改用电位器调整比较器参考电压 U_r，可以改变矩形波的占空比。

2. 正弦波—方波—三角波方式（正弦式）

正弦式函数信号发生器先振荡出正弦波，然后经变换得到方波和三角波，其组成如图 2-13 所示。它包括正弦振荡器、缓冲级、方波形成器、积分器、放大器和输出级等部分。其工作过程是：正弦振荡器输出正弦波，经缓冲级隔离后，分为两路信号，一路送放大器输出正弦波，另一路作为方波形成器的触发信号。方波形成器

图 2-13　正弦式函数信号发生器的组成框图

通常是施密特触发器，它输出两路信号，一路送放大器，经放大后输出方波；一路作为积分器的输入信号。积分器通常为密勒积分器，积分器将方波变换为三角波，经放大后输出。三种波形的输出选择由开关进行控制。

2.4.2　正弦波形成电路

在前面讲过的脉冲式函数信号发生器中，正弦波形成电路起着非常重要的作用，它主要用于将三角波变换成正弦波。能够完成这种变换的电路种类较多，如二极管网络、差分放大器等。图 2-14 所示为典型的二极管网络变换电路。

图 2-14 正弦波形成电路原理图

该电路主要由二极管和电阻构成，对输入三角波 u_i 进行可变分压处理。具体原理如下。

在三角波的正半周，当 u_i 瞬时值较小时，所有的二极管都被 $+E$ 和 $-E$ 截止，u_i 经电阻 R 直接输出，即 $u_o = u_i$，输出与输入波形相同。

当 u_i 瞬时值上升到 U_1 时，二极管 VD_1 导通，电阻 R、R_1、R_{1a} 构成第一级分压器，输入三角波，通过该分压器分压后送到输出端，u_o 比 u_i 有所降低，即

$$u_o = \frac{R_1 + R_{1a}}{R + R_1 + R_{1a}} u_i$$

当 u_i 瞬时值上升到 U_2 时，二极管 VD_3 导通，电阻 R_2、R_{2a} 接入，与第一级分压器电阻共同构成第二级分压器。此时，分压比进一步减小，u_o 的衰减增大。

$$u_o = \frac{R_2 + R_{1a} + R_{2a}}{R + R_2 + R_{1a} + R_{2a}} u_i$$

随着 u_i 的不断增大，VD_5、VD_7 依次导通，分压比逐步减小，u_o 的衰减幅度更大，使输出由三角波趋于正弦波。

同理，当 u_i 由其正峰值逐渐减小，二极管 VD_7、VD_5、VD_3、VD_1 依次截止，分压比又逐渐增大，u_o 的衰减幅度逐渐变小，三角波也趋于正弦波。以上描述的是正半周的情况，对于负半周依此类似，如图 2-15 所示。

图 2-15 正弦波形成电路的工作波形

2.4.3 函数信号发生器的性能指标

(1) 输出波形　有正弦波、方波、三角波和脉冲波等，具有 TTL 同步输出及单次脉冲输出等。

(2) 频率范围　一般分为若干频段，如 $1\sim10\text{Hz}$、$10\sim100\text{Hz}$、$100\text{Hz}\sim1\text{kHz}$、$1\sim10\text{kHz}$、$10\sim100\text{kHz}$、$100\text{kHz}\sim1\text{MHz}$ 六个波段。

(3) 输出电压　一般指输出电压的峰—峰值。

(4) 输出阻抗　函数波形输出 500Ω；TTL 同步输出 600Ω。

(5) 波形特性　正弦波形特性一般用非线性失真系数表示，一般要求 $\leqslant3\%$；三角波形特性用非线性系数表示，一般要求 $\leqslant2\%$；方波的特性参数是上升时间，一般要求 $\leqslant100\text{ns}$。

本 章 小 结

信号发生器是电子测量中最基本的电子仪器，主要用来提供电参量测量时所需的各种激励电信号，其输出幅值和频率按需要可以进行调节。

1. 正弦信号发生器广泛应用于线性系统的测试中。按其产生的信号频段，可分为超低频、低频、视频、高频、甚高频和超高频信号发生器。

2. 衡量信号发生器的主要性能指标有：频率准确度、频率稳定度、输出特性、输出形式和非线性失真度等。

3. 低频信号发生器的主振器为 RC 振荡器，以产生 $1Hz \sim 1MHz$ 的正弦信号为主，也可输出脉冲波形。它主要用于测试调整低频放大器、传输网络等，还可用于调制高频信号发生器或标准电子电压表等，是一种实际工程上应用广泛的多功能仪器。

4. 高频信号发生器常以 LC 振荡器为主振器，通常频率范围为 $200kHz \sim 30MHz$，可输出调幅波、载波等多种波形。主要用于调试各类接收机的选择性、灵敏度、调幅等特性，其输出信号的频率和电平在一定范围内可调节并能准确读数，特别是能输出微伏级的小信号，以满足接收机测试的需要。高频信号发生器中可采用锁相环技术以提高输出信号频率的稳定度和准确度。

5. 函数信号发生器是一种低频范围内的多波形发生器，可以输出正弦波、方波、三角波等多种波形。除了作为正弦信号发生器使用外，还可以用于测试各种电路的瞬态相应特性、数字电路的逻辑功能、模-数转换器及锁相环的性能等。按其结构可分为脉冲式、正弦式等，主要用于要求不高的场合。

6. 阻抗匹配是信号发生器使用时应特别注意的问题，只有在输出阻抗匹配的情况下，信号发生器才能正常工作。

综 合 实 验

实验一　低频信号发生器的使用

1. 实验目的

熟悉低频信号发生器面板上各开关旋钮的名称与作用，掌握低频信号发生器的基本使用方法。通过使用进一步理解低频信号发生器的原理。

2. 实验器材

（1）低频信号发生器一台。

（2）示波器一台。

（3）电子电压表一台。

3. 实验过程

（1）了解低频信号发生器面板结构与各开关旋钮的名称与作用　低频信号发生器种类繁多，下面仅以 GAG—808G 型低频信号发生器为例进行说明，如图 2-16 所示。

1）电源开关：信号发生器电源总开关，按下时，开启电源。

2）电源指示灯：打开电源时，电源指示灯亮。

3）输出衰减调节旋钮（输出粗调）：调节该旋钮可以对输出信号幅度进行衰减。

4）信号输出端：信号发生器输出接线柱，输出阻抗为 600Ω。

5）波形变换开关：按下时输出方波，弹出时输出正弦波。

6）频率倍乘按钮：用于波段变换，共有×1、×10、×100、×1k、×10k五档，与频率度盘的乘积等于输出信号的频率。

7）幅度调节旋钮（输出细调）：顺时针调节输出信号增大；反之，减小。

8）频率度盘调节旋钮：频率细调旋钮，调节该旋钮带动频率度盘标尺移动，选定输出信号的频率。

9）频率度盘标尺：标尺上标有 10～100 个频率刻度。

10）频率度盘指针：指示频率度盘所选数值。

图 2-16　GAG—808G 型低频信号发生器面板结构图
1—电源开关　2—电源指示灯　3—输出衰减调节旋钮
4—信号输出端　5—波形变换开关　6—频率倍乘按钮
7—幅度调节旋钮　8—频率度盘调节旋钮
9—频率度盘标尺　10—频率度盘指针

GAG—808G 型低频信号发生器的输出频率范围为 10Hz～1MHz，输出衰减器分0～－50dB共六档，每档相差 10dB。当衰减为 0dB 时，最大输出电压超过 7V，输出阻抗为 600Ω。

（2）低频信号发生器的使用

1）将低频信号发生器的输出端与示波器及电子电压表相连，注意各仪器必须接地。

2）调节幅度调节旋钮（置于 0dB 衰减）和频率波段、倍乘、细调旋（按）钮，输出一个幅度为 20V、频率为 1kHz 的正弦波信号。同时，调节示波器，使屏幕上显示出稳定的正弦波形，并用示波器测周法验证输出频率。逐步增加输出幅度衰减（dB），用电子电压表测试输出端电压并填入表 2-3。

表 2-3　输出电压幅度衰减的测试

输出幅度（0dB衰减）	$U_{om}=20V$，$f=1kHz$					
衰减分贝数/dB	0	10	20	30	40	50
电子电压表的测量值/V						
实际输出幅度计算值/V						

4. 实验报告

1）由于实验时所用的低频信号发生器不尽相同，请画出你所使用的低频信号发生器面板结构简图，并注明其型号以及主要开关旋钮、接线柱的作用。

2）在实验报告中要认真分析测量得到的数据、以及测量中波形产生异常现象的原因。

3）分析产生误差的主要原因并提出减少误差的方法。

实验二　高频信号发生器的使用

1. 实验目的

熟悉高频信号发生器面板结构及各开关旋钮的名称与作用，掌握高频信号发生器的基本使用方法及其应用。通过正确操作与使用进一步理解高频信号发生器的原理。

2. 实验器材

(1) 高频信号发生器一台。

(2) 示波器一台。

(3) 电子电压表一台。

(4) 超外差式调幅收音机一台。

3. 仪器原理

高频信号发生器种类较多，下面仅以 XFG—7 型高频信号发生器为例进行说明。

XFG—7 型高频信号发生器既能产生调幅波，又能产生等幅波，是一个具有标准频率与标准输出电压的高频信号发生器。它主要应用于高频放大器、调制器以及滤波器性能指标的测量，特别适用于无线电接收机性能指标的测试。其组成框图如图 2-17 所示。

图 2-17　XFG—7 型高频信号发生器组成框图

主振器是一个 LC 振荡电路，高频放大器具有放大、调幅作用。细调衰减器用来连续调节输出幅度，调节范围在 0~1V 之间。步进衰减器用于对输出信号作进一步衰减，其输出电压最大仅为 0.1V。为了获得更小的输出电压，信号发生器还配有一根内藏分压器的输出电缆，分压比分别为 1∶1 和 1∶10，这根电缆的插口上分别对应标有"1"和"0.1"字样，由此可选择附加分压。

4. 实验过程

(1) 熟悉如图 2-18 所示高频信号发生器的面板结构及其各开关旋钮的名称与作用。

(2) 高频信号发生器的操作使用方法如下。

1) 准备工作。通电开机前将"载波调节"、"调幅度调节"和"输出微调"各旋钮都反时针旋转到底，将"输出倍乘"开关

图 2-18　XFG—7 型高频信号发生器面板图

置于"1"。

2）调零。开机前对指示电表进行机械调零。开机后，将"波段开关"置于任意两档之间（使主振器停振），调节"V 零点"旋钮使 V 表指针处在零点。然后将"波段开关"调至任意档使振荡器振荡，调节"载波调节"旋钮，使 V 表指针指在红线 1 上，调节"M％零点"旋钮使 M％表指针指在零点。

3）调节频率。将"波段开关"置于所需波段位置，调节频率调节"粗调"、"细调"旋钮得到准确的输出频率。

4）调节电压。调节"载波调节"旋钮使 V 表指针指在红线"1"上，根据所需电压选择输出插孔。

输出电压在 0.1V 以上时选择 0～1V 插孔。输出电压由"输出微调"旋钮读出，其读盘最大读数为 1V。调节"输出微调"旋钮至所需的输出电压值。

输出电压在 0.1V 以下时选择 0～0.1V 插孔。输出电压等于输出微调读数与输出倍乘开关读数的乘积。

注意：这时的单位为微伏（μV）。

如果要求输出低阻抗的微弱信号，可在 0～0.1V 插孔上加接带有分压器的电缆，并在"0.1"插口处引出信号，输出电压为上述读数方法所得结果的 1/10。

5）高频等幅信号输出。将"调幅选择"开关置于等幅位置。

6）调幅波输出。根据调制信号来源分为内调幅和外调幅。

内调幅时，将"调幅选择"开关置于 400Hz 或 1kHz 位置，在 V 表指示为"1"情况下，调节"调幅度调节"旋钮使 M％表指针指在所需的位置上。最常用的标准调幅度为 30％。

外调幅时，将"调幅选择"开关置于等幅位置，在外调幅输入接线柱上接入频率在 50Hz～8kHz 范围的低频正弦信号作为外调制信号，其他操作与内调幅相同。

5. 使用举例与注意事项

（1）高频等幅输出

1）"调幅选择"开关置于"等幅"位置。

2）接通电源，预热 10min。

3）电零校正，将"波段"置于任意两档之间（空档），使振荡器不工作。这时，如果表头"V"有指示，说明零点没有调好，应调节"V"零点电位器，使指针指零。调好零点后，将"波段"开关拨到所需波段。

4）频率选择。用"调谐"旋钮调节至需要的频率。

5）输出电压选择。调节"载波调节"旋钮，使伏特指针指"1"（红线处）。

① 若要求输出大于 0.1V，应选"0～1V"插孔。

② 若要求输出在 0.1V 以下，应选"0～0.1V"插孔。

在根据所需输出电压选择输出插孔时，应调节"输出倍乘"及"输出微调"旋钮，必须使电压表"V"指针指在"1"上。

例如：如输出"0～0.1V"插孔，"输出倍乘"指向 10，"输出微调"指向 2，则在电缆终端 0.1 处的输出电压是（$10 \times 2 \times 0.1$）μV ＝ 2μV；在电缆终端 1 处的输出电压是（$10 \times 2 \times 1$）μV ＝ 20μV。

（2）调幅波输出

1）内调节："调幅选择"放在"400Hz"或"1 000Hz"处。调节"调幅度调节"由 M％表直接按指示调幅度。一般在 30％调幅度的调幅波用得较多。

2）外调制："调幅选择"置于"等幅"位置。由"外调幅输入"接入外部音频（低频）信号发生器。信号发生器必须在 20kΩ 负载上能有 100V 电压输出，才能在 50Hz～8kHz 范围内达到 100％的调幅。这时，"调幅选择"置于"等幅"位置上。

（3）使用注意事项

1）在调制（外或内调制）工作时，因 M％指针指示的调幅度仅在伏特计指在"1"时是正确的，因此，必须随时调节"载波调节"，使伏特计指针始终保持在"1"处。

2）使用内调幅时，绝不允许在接线柱上再加外调制信号。

3）使用 0～0.1V 插孔时，须用插孔盖把 0～1V 插孔盖住，反之亦然。

4）接收机测试时需加等效天线。高频信号发生器的典型应用是用来测试接收机的性能。为了使接收机符合实际工作情况，必须在接收机与仪器间接一个等效的天线，等效天线接在电缆分压器的分压接线柱与接收机的天线接线柱之间。

5）阻抗匹配问题。信号发生器只有在阻抗匹配情况下才能正常工作。否则，除引起衰减系数误差外，还影响前级电路的工作，降低信号发生器的功率，在输出电路中出现驻波。因此，在阻抗失配的状态下，应在信号发生器的输出端与负载间加一个阻抗变换器。

（4）收音机中频调试

1）按图 2-9 所示方法连接好仪器。

2）调节高频信号发生器的频率为 465kHz，调幅度 30％，输出电压不超过 300mV，用电子电压表监测。

3）用无感螺钉旋具反复调节各中周（从后级到前级的次序），直至收音机的输出最大。

练　习　题

1. 根据不同的划分方式，信号发生器可分为几大类？

2. 信号发生器一般由哪几部分组成？简述各部分的作用。

3. 信号发生器的主要技术指标有哪些？输出频率的准确度由什么来保证？

4. 为什么说正弦信号发生器适用于线性系统的测试？

5. 低频信号发生器在使用时应注意哪些问题？它主要用于测试什么产品？

6. 高、低频正弦信号发生器输出阻抗一般为多少？使用时，若阻抗不匹配会产生什么影响？怎样避免产生不良影响？

7. 高频信号发生器的主振级有什么特点？为什么高频信号发生器在输出与负载之间需采用阻抗匹配器？

8. 基本锁相环由哪些部分组成？其工作原理是什么？

9. 图 2-19 是常用的基本锁相环路，图中倍频器的倍频系数或分频器的分频系数 n，能在频率预置时设计，以使这些锁相环路中的压控振荡器处于锁相环的捕捉范围内，于是在环路的输出端可得到输入信号的分频、倍频或差频等信号。若 $f_1=1$MHz，$f_2=0.5$MHz，$n=1\sim10$，求 f_0 的频率范围。

10. 分别解释什么叫调谐信号发生器和锁相信号发生器？为什么采用锁相信号发生器可使主振频率指标达到与基准信号相同的水平？

11. 函数信号发生器的主要构成方式有哪些？简述正弦波形成电路的工作过程。

图 2-19　常见锁相环电路框图

12. 函数信号发生器与正弦信号发生器都能产生正弦信号，二者有什么区别？

13. 如何根据测试需要合理选择各种信号发生器？

14. 在调试调幅收音机中周时，高频信号发生器应输出载频信号还是调幅信号？为什么调幅度表在 30％处都有红线标出？

第3章 电子示波器及测量技术

~~~~~~

内容提要：

本章主要介绍了电子示波器的类型；示波管及波形显示原理、通用电子示波器的组成及原理；示波器的双踪显示原理；通用电子示波器的正解选择与使用；通用示波器的基本测量方法；电子示波器的发展等。

~~~~~~

3.1 概述

电子示波器（简称示波器）是一种以阴极射线管作为显示器的显示信号波形的测量仪器。它对电信号的分析是按时域法进行的，即研究信号的瞬时幅度与时间的函数关系。

电子示波器不仅能定性观察电路的动态过程，如电压、电流或经过转换的非电量等的变化过程；还可以定量测量各种电参数，如测量脉冲幅度、上升时间等；测量被测信号的电压、频率、周期、相位等。利用传感技术，示波器还可以测量各种非电量甚至人体的某些生理现象。所以，在科学研究、工农业生产、医疗卫生等方面，示波器已成为被广泛使用的电子仪器。

3.1.1 电子示波器的特点

作为广泛使用的电子测量仪器，电子示波器具有以下主要特点。
1）具有良好的直观性，可直接显示信号的波形，也可测量信号的瞬时值。
2）灵敏度高、工作频带宽、速度快，对观测瞬变信号的细节带来了很大的便利。
3）输入阻抗高（兆欧级），对被测电路的影响小。

3.1.2 电子示波器的类型

电子示波器种类型号繁多，根据其用途及特点的不同，可分为以下几大类。
（1）通用示波器　应用了基本显示原理，可对电信号进行定性和定量观测。
（2）取样示波器　采用取样技术将高频信号转换成模拟的低频信号，再应用通用示波器的基本显示原理观测信号。取样示波器一般用于观测频率高、速度快的脉冲信号。
（3）记忆示波器和存储示波器　这两种示波器均具有存储信息功能，前者采用记忆示波管存储信息，后者采用数字存储器存储信息。它们能对单次瞬变过程、非周期现象、低重复频率信号进行观测。
（4）数字示波器　被测信号经模-数转换器送入数据存储器，应用微处理器以数字形式处理并记录波形，自动显示测量结果，测量速度更快、重复性更高。

(5) 逻辑示波器　又称逻辑分析仪，主要用以分析数字系统的逻辑关系。

本章将介绍通用示波器的基本原理、基本使用方法和测试技术。

3.2　示波管及波形显示原理

3.2.1　示波管

示波管（或称阴极射线管 CRT）——示波器的核心组件，是一种将被测电信号转换成光信号的显示器件（真空电子管）。它分为静电偏转式和磁偏转式两大类，在电子示波器中应用最广的是静电偏转式，其结构如图 3-1 所示。主要由三部分构成，即电子枪、偏转系统和荧光屏。整个示波管密封在玻璃壳内，成为大型的电子真空器件。

图 3-1　示波管结构示意图

1. 电子枪

电子枪的作用是发射电子并形成很细的高速电子束，去轰击荧光屏使之发光。电子枪由灯丝（F）、阴极（K）、栅极（G）、第一阳极（A_1）和第二阳极（A_2）组成。除灯丝之外，其余电极的结构均为金属圆筒形，且所有电极的轴心都保持在同一条轴线上。灯丝用于加热阴极。阴极表面涂有氧化物，在灯丝加热下可以发射电子。栅极是一个顶端有小孔的圆筒，套在阴极外边，其电位比阴极低，对阴极发射出来的电子起控制作用，它控制射向荧光屏的电子流密度，从而改变荧光屏亮点的辉度。调节电位器 RP_1 改变栅、阴极之间的电位差，即可达到此目的，故 RP_1 在面板上的旋钮标以"辉度"。

第一阳极和第二阳极对电子束有加速作用，同时和控制栅极构成对电子束的控制系统，起聚焦作用。调节 RP_2 可改变第一阳极的电位，调节 RP_3 可改变第二阳极的电位，使电子束恰好在荧光屏上汇聚成细小的亮点，以保证显示波形的清晰度。因此，把 RP_2 和 RP_3 分别称为"聚焦"和"辅助聚焦"电位器，仪器面板上对应的旋钮分别是"聚焦"和"辅助聚焦"旋钮。

使用中要注意的是：在调节"辉度"旋钮时会影响聚焦效果，因此，示波管的"辉度"与"聚焦"并非相互独立，要配合调节。

2. 偏转系统

如图 3-1 所示，在第二阳极的后面，用两对相互垂直的偏转板组成偏转系统。垂直（Y 轴）偏转板在前（靠近第二阳极），水平（X 轴）偏转板在后，两对极板间各自形成静电场，分别控制电子束在垂直方向和水平方向的偏转。

从电子枪射出的电子束，若不受电场的作用，则将沿直线向荧光屏方向运行，在荧光屏中心轴线位置显示出静止的光点。若电子束受到电场的作用，则其运动方向就会偏离中心轴线，即荧光屏上的光点位置就会产生位移。如果电场是周期性交变的，则荧光屏上将显示出一条光点的轨迹。

电子束在偏转电场作用下的运动规律可用图 3-2 来分析，其偏转位移 y（cm）可由式（3-1）来表示。

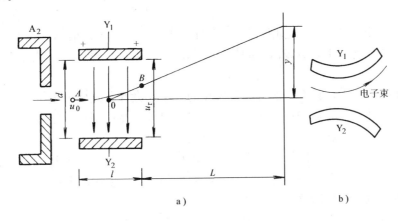

图 3-2　电子束的偏转规律

$$y \approx \frac{Ll}{2dU_{A2}}U_y \tag{3-1}$$

式中　l——偏转板长度（cm）；

　　　L——偏转板右侧边缘到荧光屏之间的距离（cm）；

　　　d——两偏转板之间的距离（cm）；

　　　U_{A2}——第二阳极与阴极间的电压（V）；

　　　U_y——Y 轴两偏转板间的电压之和（V）。

式（3-1）中 L、l、d 均为常数，当亮点聚焦调整好以后，U_{A2} 也基本不变，则荧光屏上的亮点偏转距离 y 与加于偏转板上的电压 U_y 成正比。

设
$$S_y = \frac{2dU_{A2}}{Ll}$$

则
$$y = \frac{1}{S_y}U_y, \ S_y = \frac{U_y}{y}$$

称 S_y 为示波管 Y 轴偏转灵敏度，表示亮点在荧光屏上偏转 1cm 所需加于偏转板上的电压值（峰—峰值）。此值愈小表示灵敏度愈高。偏转灵敏度是与外加偏转电压大小无关的常数。

同理，X 轴偏转板也有灵敏度的数值

$$S_x = \frac{U_x}{x}$$

3. 荧光屏

荧光屏一般为圆形或矩形的，其内壁沉积有磷光物质，形成荧光膜，面向电子枪的一侧。它在受到高速运动着的电子轰击后，将其动能转化为光能，产生亮点。当电子束随信号电压偏转时，这个亮点的移动轨迹就形成了信号的波形。

当电子束停止作用后，光点仍能在屏幕上保持一定的时间才消失。激励过后，亮点辉度下降到原始值的 10% 所延续的时间称为余辉时间。不同荧光材料余辉时间不一样，小于 $10\mu s$ 的为极短余辉；$10\mu s \sim 1ms$ 为短余辉；$1ms \sim 0.1s$ 为中余辉；$0.1 \sim 1s$ 为长余辉；大于 $1s$ 为极长余辉。由于荧光物质有一定的余辉时间，同时由于人眼的惰性（视觉暂留现象），所以，尽管电子束在某一瞬间只能使荧光屏上一点发光，但我们看到的却是光点在荧光屏上移动的效果。

要根据示波器用途的不同选用不同余辉的示波管，显示高频信号的示波器宜用短余辉管；观察生物及自动控制等缓慢信号的超低频示波器宜用长余辉管；一般用途的示波器均用中余辉管。

电子打在荧光屏上，只有少部分能量转化为光能，大部分则变成热能。所以不应使亮点长时间停留在一处，以免荧光粉损坏而形成斑点。另外，在使用示波器时，也不要把亮点调到最亮，所调节亮点的亮度便于观察波形即可。

圆形荧光屏，承受压力性能较好，但屏幕利用率不高，线性度较差。中间比较平整的部分称为有效面积。而矩形荧光屏比较平整，有效面积较大。使用示波器时应尽量使波形显示在有效面积内，减少测量误差。

为了测量波形的高度或宽度，在荧光屏上还常有一定的刻度线。它可以刻在屏外一块有机玻璃内侧，制成外刻度片，标有垂直和水平方向的刻度，并且易于更换。但是，波形与刻度片不在同一平面上，会造成较大的视差。另一种是内刻度线，分度刻在荧光屏玻璃内侧，以消除视差，使测量准确度较高。

3.2.2　波形显示原理

用示波器显示被测信号的波形，基本上有两种类型：一种是显示任意两个信号 x 与 y 的关系；另一种是显示随时间变化的信号。

1. 电子束沿 u_y 与 u_x 作用的合成方向运动

因为电子束沿垂直和水平两个方向的运动是互相独立的，打在荧光屏上亮点的位置取决于同时加在垂直和水平偏转板上的电压。当示波管的两对偏转板上不加任何信号时，亮点则打在荧光屏的中心位置。

若仅在 Y 轴偏转板加一个随时间变化的电压，例如，$u_y = U_m \sin\omega t$，则电子束沿垂直方向运动，任一瞬间的偏转距离正比于该瞬间 Y 偏转板上的电压，其轨迹为一条垂直直线，如图 3-3a 所示，因为光束水平方向未受到偏转。同理，若仅在 X 轴偏转板上加正弦波电压 u_x，则电子束沿水平方向运动，轨迹为一条水平线，如图 3-3b 所示。在 Y 轴和 X 轴同时加同一正弦波电压时，如果 $u_x = u_y$，亮点在荧光屏上的位置由电压 u_y 和 u_x 共同决定。因为在同一时刻，X、Y 方向偏转的距离相同，则在荧光屏上显示一条直线，这条直线与水平轴呈 $45°$，如图 3-3c 所示。

2. 显示随时间变化的波形

a）只加 u_y 时的波形　　　　　　　　b）只加 u_x 时的波形

c）同时加 u_x、u_y 时的波形

图 3-3　显示波形与偏转极板所加电压的关系

（1）扫描的概念　　上述几种情况均不能显示被测电压信号 u_y 的波形。为了显示 u_y 的波形，必须在 Y 轴偏转板加有 u_y 信号的同时，在 X 轴偏转板加随时间线性变化的扫描电压（锯齿波形电压），如图 3-4 所示。若在 Y 方向不加电压，则光点在荧光屏上构成一条反映时间变化的直线，称为时间基线，如图 3-3b 所示。

当锯齿波电压达到最大值时，屏幕上光点亦达到最大偏转，然后锯齿波电压迅速返回起始点，光点也迅速返回最左端，再重复前面的变化。光点在锯齿波作用下移动的过程称为扫描，能实现扫描的锯齿波电压叫扫描电压，光点自左向右的连续移动称为扫描正程，光点自屏幕的右端迅速返回起点称为扫描回程。

图 3-4　锯齿波电压波形

当 Y 轴加被观测的信号，X 轴加扫描电压，则屏幕上光点的 Y 和 X 坐标分别与这一瞬时的信号电压和扫描电压成正比。由于扫描电压与时间成比例，所以荧光屏上所描绘的就是被测信号随时间变化的波形，如图 3-5 所示。图中 u_y 的周期为 T_y，如果扫描电压 u_x 的周期 T_x 等于 T_y，则在 u_y 及 u_x 共同作用下，亮点的轨迹正好是一条与 u_y 相同的正弦曲线。亮点从 0 点经 1、2、3 至 4 点移动为正程，从 4 点迅速返回到 $0'$ 点的移动为回程，如图 3-5 所示。

（2）同步的概念　　上述为 $T_x = T_y$ 的情况，如果 $T_x = 2T_y$，其波形显示如图 3-6 所示，可以观察到两个周期的信号电压波形。如果波形多次重复出现，而且重叠在一起，就可以观察到一个稳定的图像。

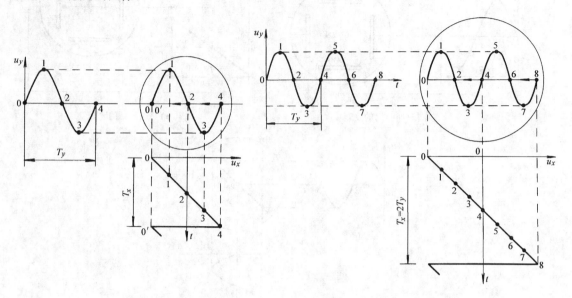

图 3-5　显示波形原理　　　　　　　　图 3-6　$T_x = 2T_y$ 时显示的波形

由图 3-6 可见，欲显示多个周期的波形图，应增加扫描电压 u_x 的周期，即降低 u_x 的扫描频率。在使用示波器时应当根据原理进行适当调节。荧光屏上显示波形的周期个数为

$$n = \frac{T_x}{T_y}$$

式中　n 为整数。

若 n 不为整数，则会有什么样的结果呢？图 3-7 所示波形是 $T_x = 7/8T_y$ 时的情况。在第一个扫描周期显示出 $0\sim4$ 点之间的曲线，并由 4 点跳到 $4'$ 点；第二个扫描周期，显示 $4'\sim8$ 点之间的曲线；第三个扫描周期显示出 $8'\sim10$ 点之间的曲线，这样所显示的波形是不"稳定"的，即每次显示的波形不重叠，图中的波形如同向右跑动一样。

图 3-7　$T_x = 7/8T_y$ 时显示的波形

想一想： 如果 $T_x = 9/8T_y$，则波形向哪个方向跑？

产生波形左右跑动的原因是 T_x 与 T_y 之比不是整数，而形成每次扫描起始点不一致所引起的。

由此可见，为了在屏幕上获得稳定的图像，T_x（包括正程和回程）与 T_y 之比必须成整数关系，即 $T_x = nT_y$，以保证每次扫描起始点都对应信号的相同相位点上，这种过程称为"同步"。

总之，电子束在被测电压与同步扫描电压的共同作用下，亮点在荧光屏上所描绘的图形反映了被测信号随时间的变化过程，由于多次重复就构成稳定的图像。

3.3 通用电子示波器

3.3.1 通用电子示波器的基本组成

1. 电子示波器的结构

通用电子示波器的种类很多，但无论何种类型都由以下几部分组成：垂直系统（Y 轴系统）、水平系统（X 轴系统）和主机部分（Z 轴系统），如图 3-8 所示。

（1）垂直系统（Y 轴系统或 Y 通道） 由衰减器、前置放大器、延迟线和后置放大器等组成。Y 轴系统主要作用是放大被测信号电压，控制电子束的垂直偏转。

（2）水平系统（X 轴系统或 X 通道） 由触发整形电路、扫描发生器及 X 放大器组成，如图 3-8 所示。同步触发电路在内或外触发信号作

图 3-8 电子示波器的基本组成

用下，产生触发脉冲，去触发扫描发生器，产生锯齿波，由 X 放大器放大后推动 X 偏转极板。

（3）主机部分（Z 轴系统） 主机包括示波管、Z 通道（图中未示出）、整机供电电源和校准信号发生器等。示波管是显示器；Z 轴系统将 X 轴系统产生的增辉信号放大后加到示波管的控制栅极；校准信号发生器是一个标准方波电压发生器，方波的幅度频率是准确的，用这个已知的信号去校准 X、Y 轴的坐标刻度。

2. 通用示波器的主要技术性能

示波器的技术性能有几十项，为了正确选择和使用示波器，必须了解以下主要性能指标。

（1）频率响应（频带宽度） 示波器的频带宽是指加至输入端的信号（包括 Y 轴和 X 轴，不加说明时均指 Y 轴）其上限频率 f_H 与下限频率 f_L 之差。一般情况 $f_H \gg f_L$，所以频率响应可用上限频率 f_H 来表示。例如，GOS—6013C 型示波器 $f_H = 100MHz$，此值愈大愈好。

（2）时域响应（瞬态响应） 表示放大电路在方波脉冲输入信号作用下的过渡特性。常

用参数有上升时间（t_r）、下降时间（t_f）等。

Y 轴系统的频带宽度 f_B 与上升时间 t_r 之间有确定的内在联系，一般有

$$f_B \cdot t_r \approx 350$$

式中，f_B 及 t_r 的单位分别为 MHz 与 ns。因为 $f_B \approx f_H$，所以也就有 $f_H \cdot t_r \approx 350$。当已知 f_H 的值时，就可以算出上升时间

$$t_r \approx \frac{350}{f_H}$$

例 3.1　已知 GOS—6013C 型示波器 $f_H = 100$MHz，求示波器的上升时间是多少？

解： 因为　　　　　　　　　　$f_H = 100$MHz

　　所以　　　　　　　　$t_r \approx \frac{350}{f_H} = \frac{350}{100}$ns $= 3.5$ns

此值愈小愈好。

上述两项指标在很大程度上决定了可以观测的信号的最高频率值（指周期性连续信号）或脉冲信号的最小宽度。

（3）偏转灵敏度　指输入信号在无衰减情况下，亮点在屏幕上偏转 1cm（或 1 格—div）所需信号电压的峰—峰值（U_{p-p}）。其单位为 U_{p-p}/cm 或 U_{p-p}/div，它反映示波器观察微弱信号的能力。其值愈小，偏转灵敏度愈高。一般示波器的偏转灵敏度为几十毫伏，例如，GOS—6013C 型示波器 Y 轴的最高偏转灵敏度 $S_y = 2$mVU_{p-p}/cm。

（4）输入阻抗　用在示波器输入端测得的直流电阻值 R_i 和并联电容值 C_i 分别给出。希望 R_i 值越大、C_i 值越小越好。一般示波器 R_i 值和 C_i 值分别在 MΩ 和 pF 数量级。例如，CA8040 型示波器的 $R_i = 1$MΩ，$C_i = 25$pF。

（5）扫描因数　表示在无扩展情况下，亮点在屏幕上 x 轴方向移动单位长度 1cm（或 1 格—div）所表示的时间，其单位为 t/cm。其中 t 可取 μs、ms 或 s。

扫描因数愈高（即 t/cm 值愈小），表明示波器能够展开高频信号或窄脉冲信号波形的能力愈强。

3.3.2　示波器的垂直系统（Y 轴系统）

Y 轴偏转系统是传送被测信号的通道。它的作用是引入被测信号，将其不失真地放大后传送到 Y 偏转板，使屏幕上显示大小适中的信号波形，其性能的优劣直接影响到测量结果的准确度，这些性能主要有：足够的频带宽度和灵敏度、小的上升时间等。

图 3-9　Y 通道的基本组成

Y 轴偏转系统（Y 通道）主要由输入电路、前置放大器、延迟级、后置放大器及电子开关（双踪示波器特有）等组成，如图 3-9 所示。

1. 输入电路

输入电路的基本作用是引入被测信号，为前置放大器提供良好的工作条件，并在输入信

号与前置放大器之间起着阻抗变换、电压变换的作用。它包括探极、交直流耦合开关、高阻抗输入衰减器、阻抗变换倒相器等电路，如图 3-10 所示。

图 3-10　输入电路框图

（1）探极　探极装在示波器机体的外面，用电缆线和仪器相连接，它用于直接探测被测信号、提高示波器的输入阻抗、减小波形失真、展宽示波器的带宽。探极分为无源探极和有源探极两种，应用较多的是前者。无源探极是一个衰减器，衰减比有 $1:1$、$10:1$、$100:1$ 三种，多用于观察低频信号；有源探极内部包括有高输入阻抗放大器，多用于探测高频信号。

（2）交直流耦合方式选择开关　它有三个档位（仪器面板上有设置）：DC、AC、$\perp$，如图3-10所示的耦合方式部分。在直流"DC"位置，信号可直接通过；在交流"AC"位置，信号经 C 耦合至衰减器，此时只有输入交流信号才可以通过；在"$\perp$"（接地）位置，若无需断开被测信号的情况下，可为示波器提供接地参考电平。

图 3-11　阻容衰减器原理图

（3）衰减器　对应示波器面板上的 Y 轴灵敏度粗调旋钮，衰减器是为测量不同幅度的被测信号而设置的。其作用是在测量幅度较大的信号时，经衰减后使屏幕上显示的波形不至于因过大而失真。衰减器常使用阻容分压器电路，其原理如图 3-11 所示。

衰减器的衰减量为输出电压 u_o 与输入电压 u_i 之比，也等于 R_1C_1 的并联阻抗 Z_1 与 R_2C_2 的并联阻抗 Z_2 的分压比。其中，C_1 做成可调电容，当满足 $R_1C_1 = R_2C_2$ 时，衰减器的分压比则为

$$\frac{u_o}{u_i} = \frac{Z_2}{Z_1 + Z_2} = \frac{R_2}{R_1 + R_2}$$

这时分压比与频率无关。满足上式的情况称为最佳补偿。如图 3-12 所示为几种补偿情况。

a）正确补偿　　　　　b）过补偿　　　　　c）欠补偿

图 3-12　几种补偿的波形

（4）阻抗变换倒相器　阻抗变换倒相器用于变换阻抗。因输入电路要求有高阻抗，而放大电路的输入阻抗并不高，为了保证 Y 轴输入端为高阻抗，在衰减器和放大电路之间必须插入阻抗转换电路，并且把单端输入的被测信号变成对称输出的平衡信号。

2. 延迟线

对延迟线的要求是：延迟时间应足够长和稳定，以补偿 X 轴系统扫描电路启动时间的

延迟。

　　因为扫描信号的引出是从 Y 轴系统分离出来，并且要经过一定的过程才能产生，所以它和被观测信号相比总是滞后一段时间 t_D，如图 3-13 所示。

　　若不在 Y 轴系统增加延迟线，被观测脉冲信号的上升过程就无法完整地显示于屏幕上。因为，有一段时间扫描尚未开始，根据波形显示原理，就会出现图 3-13 所示情况。延迟线的作用就是把加到 Y 轴偏转板的脉冲信号也延迟一段时间，使信号出现的时间滞后于扫描开始时间，这样就能够保证在屏幕上可以扫描出包括上升时间在内的脉冲全过程。

图 3-13　没有延迟线时的情况

　　3. Y 轴系统的放大器

　　Y 放大器使示波器具有观测微弱信号的能力。通常把 Y 放大器分成前置放大器和输出放大器两部分。前置放大器的输出信号一方面引至触发电路，作为同步触发信号；另一方面经过延迟线延迟以后引至输出放大器。这样，就使加在 Y 偏转板上的信号比同步触发信号滞后一定的时间，保证在屏幕上可看到被测脉冲的前沿。

　　Y 轴采用变换放大器的增益的方法，进行"倍率"调节。例如，许多示波器 Y 轴的"倍率"开关有"×5"和"×1"两个位置，在通常情况下"倍率"开关置于"×1"位置，若把"倍率"开关置于"×5"，则放大器增益增加 5 倍，这便于观测微弱信号或看清波形某个局部的细节。但在进行定量计算时要注意其中的换算。

　　Y 轴通过调节放大器的增益还可以实现灵敏度微调。当灵敏度微调电位器处于极端位置时，示波器灵敏度微调处于"校正"位置，在用示波器作定量时，放大器的增益应是固定的，此时应将灵敏度微调于"校正"位置。

　　Y 放大器的输出级常采用差分电路，以使加在偏转板上的电压能够对称。Y 轴"移位"调节就是改变差分电路的直流电位，它能使屏幕上的波形上下平移，以便观察和读数。

　　4. 双踪显示基本原理

　　在实际测试中，常常希望把两个相关的信号波形同时显示在屏幕上，以便进行信号之间的比较或显示两个信号叠加波形，即"和"、"差"的显示。常用的方法在通用示波器的 Y 轴系统中加入电子开关 S_1、S_2，其工作过程如图 3-14 所示。

　　采用单束示波管"同时"显示两个被测信号波形的示波器，即双踪示波器。双踪示波器仍属于通用示波器范畴，但较之一般单踪示波器不同之处在于：在 Y 通道中多设一个前置放大器、

图 3-14　电子开关的工作原理

两个电子开关。电子开关的打开、闭合可受固定频率的方波控制，也可受扫描锯齿波控制；通过电子开关的切换，可使示波器有五种显示方式：Y_A、Y_B、$Y_A \pm Y_B$、交替和断续。前三种均为单踪显示，Y_A、Y_B 与普通示波器相同，此时的 S_1 或 S_2 处于恒接通状态；$Y_A \pm Y_B$ 显示的波形为两个信号的和或差（与"极性"选择开关相配合），此时把 S_1 和 S_2 恒接通。

下面重点讨论后两种显示方式。

（1）"交替"显示方式　当扫描电压第一次扫描时，S_1 闭合、S_2 断开；第二次扫描时，S_1 断开、S_2 闭合，如此重复下去。因为扫描频率较高，两个信号轮流显示的速度很快，加之荧光屏有余辉时间、人眼有视觉滞留效应的缘故，从而获得两个波形似乎同时显示在屏幕上的效果，如图 3-15 所示。"交替"方式适用于显示高频信号。

（2）"断续"显示方式　这种方式就是在一次扫描时间内轮番开、闭 S_1 和 S_2，显示出被测信号的某一段，以后各次扫描重复以上过程；这种显示出来的波形实际上是由许多线段组成的，如果开关的转换频率很高，那么这些线段也就很密集，所以人眼看上去就好像是连续的波形。这种工作方式适用于观测低频信号，如图 3-16 所示。

图 3-15　"交替"显示方式

图 3-16　"断续"显示方式

3.3.3　示波器的水平系统（X 轴系统）

X 轴系统（X 通道）的作用是产生一个与时间呈线性关系的锯齿波电压。当这个扫描电压的正程加到水平偏转板上时，电子束就沿水平方向偏转，形成时间基线。

X 通道主要包括触发整形电路、扫描发生器、X 放大器等部分，如图 3-17 所示。

图 3-17　X 通道的基本组成

1. 触发整形电路

触发整形电路的作用在于把来源不同的触发信号整形为具有一定波形、一定幅度的触发脉冲信号。其主要功能有触发源选择、输入耦合方式选择、触发放大器、触发极性转换、触发脉冲整形电路等，其框图如图 3-18 所示。

触发整形电路的原理如图 3-19 所示。

（1）触发源选择　触发源选择一般有两种，即内触发和外触发：内触发的触发信号取自 Y 通道中的被测信号，后者取自外部信号源。由转换开关 S_1（对应面板上"极性"开关）选择不同的触发信号源。

图 3-18　触发整形电路框图

（2）触发耦合方式　为了适合不同的信号频率，示波器设有多种耦合方式。由开关 S_2 选择。

DC 端：直流耦合。用于接入直流或缓慢变化的信号，或者频率较低且有直流成分的信号。

AC 端：交流耦合。用于观察由低频到较高频率的信号。

AC 端（H）：高频耦合。用于观察高频（一般大于 5MHz）的信号。

图 3-19　触发整形电路原理图

（3）触发极性选择　触发极性开关 S_3 用于确定在触发信号的哪一点上产生触发脉冲。当触发点在触发脉冲的上升段时，称之为正极性触发；当触发点在下降段时，称之为负极性触发。

（4）触发电平调节　触发电平是指触发点位于触发信号波形的上部、中部及下部，由 RP 电位器调节。

触发极性、电平的不同作用对显示脉冲信号或只显示周期连续信号中的某一段具有明显的作用，如图 3-20 所示。

被测信号
触发脉冲
扫描电压
显示波形

正极性触发　正极性触发　负极性触发　负极性触发
零电平　　　正电平　　　负电平　　　正电平

图 3-20　触发极性、电平的不同对波形显示的影响

（5）放大整形电路　一般由电压比较器、施密特电路、微分电路组成。电压比较器将触发信号与 RP 确定的电平进行比较，其输出信号再经整形产生矩形脉冲，经微分电路之后变换为扫描发生器所需要的触发脉冲。

2. 扫描发生器

扫描发生器电路在触发脉冲启动下，产生周期线性变化的锯齿波扫描电压。为了使显示的波形清晰稳定，要求输出线性好、频率稳定、幅度相等的锯齿波电压且扫描时间因数应能调节，它的组成如图 3-21 所示。

扫描闸门　积分器　至 X 放大器
$-E$　增辉
比较和释抑电路

图 3-21　扫描发生器电路原理图

扫描发生器电路主要包括扫描闸门、扫描电压产生电路（锯齿波发生器）、比较电路、释抑电路等。上述电路组成一个闭环，也称扫描发生器环。

触发信号到来后，首先启动扫描闸门，扫描正程期开始。扫描电压产生电路开始输出线性变化的锯齿波形电压到 X 放大器，与此同时该电压也送往比较电路。当扫描锯齿波电压达到预定幅度后，比较电路应送出使扫描闸门停止的信号，令闸门关闭，使扫描电压产生电路进入逆程期。此后的触发脉冲对闸门是不起作用的，但是进入逆程期尚未结束前，需防止

后续触发脉冲去启动扫描闸门。因此，为了保证扫描起始电平的稳定，要等到闸门输入端和扫描电压产生电路完全恢复到初始状态后，才去"释放"闸门。

释抑电路的作用是保证每次扫描都在同样的起始电平上开始，以获得稳定的图像；当触发脉冲触发扫描闸门使扫描发生器开始扫描时，释抑电路就"抑制"触发脉冲继续触发，直至一次扫描的全过程结束，扫描电压回复到起始电平；此时，释抑电路才"释放"触发脉冲，使之再次触发扫描发生器。

扫描通常分连续扫描和触发扫描两种形式。连续扫描是在示波器的水平偏转板上加上不间断的锯齿波，如图 3-22b、c 所示。无论有无被测信号输入，扫描总是连续进行。若想在屏幕上得到稳定的波形，必须保持信号频率与扫描锯齿波频率维持整数倍的关系。后者也称等待扫描，其特点是每次扫描均由被测信号触发启动，如图 3-22d 所示。当信号到来时，示波器进行一次扫描。没有信号时，扫描也就停止，等待下一次信号的到来。现代通用示波器广泛采用了这种触发扫描方式。

图 3-22　连续扫描与触发扫描的比较

3. X 放大器

X 放大器的作用是为示波管的水平偏转板提供对称的推动电压，使电子束能在水平方向满偏转。同时，当示波器工作在 X-Y 方式时，外加的 X 输入信号也要由 X 放大器传送到 X 偏转极板。

与 Y 放大器类似，改变 X 放大器的增益可以使亮点在屏幕的水平方向得到扩展或对扫描因数进行微调，或校准扫描因数。改变 X 放大器有关的直流电位也可以使光迹产生水平位移。

3.3.4　主机系统（Z 轴系统）

通用示波器的主机系统主要包括低压直流电源，高频高压直流电源及校准信号发生器。

低压直流电源的作用主要是为各单元电路提供工作电压。

高频高压直流电源的作用是为示波管各电极供给合适的工作电压。另外，还有 Z 轴放大器，用来进行辉度调节。

校准信号发生器的作用是用来产生幅度已知的、精度较高的稳定方波，以便校准示波器垂直（Y 轴）系统的灵敏度。通用示波器常提供 1V、1kHz 的标准方波信号。

3.4　通用电子示波器的使用

在电子测量中，通用电子示波器是最常用的仪器。使用示波器进行有效测量时，必须合理地选择各种示波器，并应能正确地操作。

3.4.1 示波器的选择

示波器的选用要根据被测对象来进行选择，目的是要求不失真地重现被测信号的波形，选用应考虑以下几点。

1. 根据被测信号的波形和个数来选择

若需要观测一个低频正弦信号，可选用普通示波器；若需要同时观测和比较两个信号，则可选择双踪示波器等。

2. 根据被测信号的频率来选择

示波器 Y 轴系统的通频带愈宽，被测信号的波形失真愈小。因此，一般要求示波器通频带宽 f_B 应大于被测信号最高频率 f_M 3倍以上，即 $f_B > 3f_M$。例如，要观测频率为50MHz的正弦信号，则应选择通频带宽大于150MHz的示波器。

3. 根据示波器的上升时间来选择

一般要求示波器本身的上升时间应比被测脉冲信号的上升时间小3倍以上。又知，示波器通频带宽 f_B 与上升时间 t_r 的关系为

$$f_B t_r \approx 350$$

式中，f_B 及 t_r 的单位分别为 MHz 与 ns。

若要选择 t_r 为被测信号上升时间 t_s 的 1/3 时，即

$$t_r = \frac{1}{3} t_s$$

则应选择示波器的通频带宽为

$$f_B \approx \frac{350}{t_r} = \frac{350}{\frac{1}{3} t_s} \approx \frac{1\,000}{t_s}$$

另外，根据被测信号幅度选择示波器要有相适应的 Y 轴灵敏度。同时，也要注意扫描因数的范围。扫描因数反映了在 X 方向被测信号展开的能力，扫描因数越高展开高频信号的能力越强；相反，在观测缓慢变化信号时又要求有较低的扫描因数。

3.4.2 示波器的正确使用

正确使用示波器时要注意以下几点。

1. 用光点聚焦，不要用扫描线聚焦

很多使用者习惯于在有扫描线情况下调节聚焦，当输入信号并在 Y 方向展开时，就会出现一条带状波形。正确的方法是在未接入信号时先使屏幕上只出现一个亮点，并通过"聚焦"、"辉度"及"辅助聚焦"各旋钮的调节，使亮点聚至最小。有时为了使亮点尽量小，宁可将辉度调暗一些，这样有利于提高波形的分辨力，减小测量误差，又可以避免亮点辉度过强而损坏荧光屏。

2. 探头的使用

一般示波器与探头应配套使用，不能互换，否则会带来测量误差。

使用前可以将探针接至"校正信号"输出端，在屏幕上应显示出标准方波，否则要调节探极进行校正。

3. 注意屏幕有效面积的使用

屏幕的有效面积是屏幕比较平整的部分，测量时应将波形主要部分显示在有效面积范围内，可以提高测量的准确度。

4. 善于使用灵敏度选择开关

Y 轴偏转灵敏度开关的最小数值档（即最高灵敏度档），反映观测微弱信号的能力。而允许的最大输入信号电压的峰—峰值是由灵敏度开关最大数值档（即最低灵敏度档）决定的。若输入电压超出仪器允许的最大电压（峰—峰值），则应先衰减，以免损坏示波器。一般情况下，使用此开关调节波形大小适中，以便能清楚地观测。

5. 正确使用辉度开关

显示波形时，辉度不宜调得过亮。屏幕上亮点不要长时间停留在一个位置，以免缩短示波管的寿命；中途暂时不使用时，应将辉度调暗。

3.5　SR8 型示波器的面板图

下面以常用的 SR8 型双踪示波器为例，介绍其使用方法。SR8 型双踪示波器原理框图如图 3-23 所示。

图 3-23　SR8 型双踪示波器原理框图

3.5.1　主要技术性能

1. Y 轴系统

（1）输入灵敏度　10mV/div～20V/div，分 11 档。

（2）频带宽度　DC 为 0～15MHz；AC 为 10Hz～15MHz。

（3）输入阻抗　直接输入为 1MΩ//35pF，经探头输入为 10MΩ//15pF。

（4）最大输入电压　DC 为 250V；AC 为 500V。

（5）上升时间　≤24ns。

2. X 轴系统

（1）扫描速度　0.2μs/div～1s/div，分 21 档。处于"扩展×10"档时，最快扫描可达 20ns/div。

（2）X 外接　灵敏度≤3V/div，带宽 0～500，输入阻抗为 1MΩ//35pF。

3. 标准信号

频率为 1kHz、幅度为 1V 的矩形波。

3.5.2　面板布置

SR8 型双踪示波器仪器面板布置如图 3-24 所示。面板上各种开关旋钮主要分三大功能区：位于面板左方的示波器显示控制区；位于面板右上方的 X 轴系统控制区；位于面板右下方的 Y 轴系统控制区。

1. 示波管显示控制区

（1）电源开关及指示灯　打开示波器的电源开关，指示灯就亮。

（2）辉度旋钮　用于调节波形的亮度。

（3）聚焦与辅助聚焦　两旋钮配合使用，用于调节波形的清晰度。

图 3-24　SR8 型双踪示波器面板图

1—电源开关及指示灯　2—辉度旋钮　3—聚焦与辅助聚焦　4—标尺亮度　5—寻迹按键　6—校正信号输出插座与开关　7—显示方式开关　8—输入耦合方式选择开关　9—灵敏度选择开关　10—平衡电位器　11—Y 轴移位旋钮 12—Y_A 通道极性转换开关　13—触发源选择开关　14—Y 通道输入插座　15—扫描速度选择开关　16—扫描校正电位器　17—扫描速度扩展开关　18—X 轴移位旋钮　19—外触发 X 外接插座　20—触发电平旋钮　21—触发源选择开关　22—触发耦合方式开关　23—触发方式选择开关　24—触发极性开关

（4）标尺亮度　用于调节屏幕前坐标片上刻度线的照明亮度，以便观测。

（5）寻迹按键　用于判断光点偏离的方位。按下该键，光点回到显示区域。

（6）校正信号输出插座与开关　提供 1kHz、1V 的校正方波信号。

2. Y 轴偏转系统

（1）显示方式开关　共有五种工作方式可供选择。"交替"档适用于较高频率信号的测量；"断续"档适用于较低频率信号的测量；"$Y_A + Y_B$"档可获得两信号的叠加；"Y_A"或"Y_B"档为 Y_A 通道或 Y_B 通道单独工作（作单踪示波器使用）。

（2）输入耦合方式选择（DC—⊥—AC）开关　"DC"档用于观测直流信号，"⊥"档无信号输入，"AC"档用于观测交流信号。

（3）灵敏度选择（V/div）开关　该开关为套轴结构。外层黑色旋钮起粗调作用，调节范围为 10mV/div～20V/div，分 11 档；内层红色旋钮起微调作用，作定量测试时，应将该旋钮顺时针旋至"校准"处。

（4）平衡电位器　当 Y 轴放大器输入级不平衡时，屏幕上的波形就随"V/div"微调旋钮的转动而产生垂直方向移动。此刻，用旋具调节平衡电位器就能减弱这种现象。

（5）Y 轴移位旋钮　用于调节波形在垂直方向的位移。

（6）Y_A 通道极性转换（极性·拉—Y_A）开关　此开关为按拉式结构。开关拉出时，从 Y_A 通道输入的信号为倒相显示。

（7）触发源选择（内触发·拉—Y_B）开关　此开关也为按拉式结构。开关在按（常态）位置时，扫描触发信号取自 Y_A 和 Y_B 通道的输入信号，两通道可同时显示各自的被测信号，但显示的两个信号波形不能作时间上的比较与分析；开关在拉（—Y_B）位置时，扫描触发信号只取自 Y_B 通道的输入信号，此时，适用于"交替"或"断续"工作方式。

（8）Y 通道输入插座。

3. X 轴偏转系统

（1）扫描速度选择（t/div）开关　该开关为套轴结构。外层黑色旋钮起粗调作用，调节范围为 0.2μs/div～1ms/div，分 21 档；内层红色旋钮起微调作用，作定量测试时，应将该旋钮顺时针旋至"校准"处。

（2）扫描校正电位器　借助机内 1kHz 方波校正信号，对扫描速度进行校正。

（3）扫描速度扩展（扩展·拉×10）开关　开关为按拉式结构。拉出此开关，扫描速度标称值可扩展 10 倍。

（4）X 轴移位旋钮　用于调节信号波形在水平方向上的位移。

（5）外触发 X 外接插座　作外触发时连接触发信号用；作 X 输入时，连接 X 轴外接信号。

（6）触发电平旋钮　用于调节触发信号电平，使触发信号在某一电平启动扫描。

（7）触发源选择（内、外）开关　处于"内"档时，触发信号取自 Y 轴通道的被测信号；处于"外"档时，触发信号取自外来信号源。

（8）触发耦合方式（AC、AC（H）、DC）开关　AC 档属于交流耦合状态，其触发性能不受直流分量的影响；AC（H）档属于低频抑制状态，能抑制低频噪声和低频触发信号；DC 档属直流耦合状态，可用于对变化缓慢的信号进行触发扫描。

（9）触发方式选择（高频、常态、自动）开关　高频档用于观测高频信号。不必调整电平旋钮就可对被测信号进行同步；常态档采用来自 Y 轴或外接触发源的输入信号并行触发扫描，是常用的触发方式；自动档用于观测较低频率的信号，不必调整电平旋钮就能对被测信号进行同步。

（10）触发极性（＋、－）开关　"＋"档是以触发输入信号波形的上升沿进行触发启动扫描的，"－"档是以波形的下降沿进行触发启动扫描的。

3.5.3　示波器的使用方法

1. 使用前准备

1）正确设置面板各旋钮位置。使用示波器前，应将面板上主要旋钮旋至相应位置，表 3-1 是示波器使用前各主要旋钮的初始位置。

表 3-1　仪器面板主要旋钮的初始位置

开关或旋钮名称	位　　置	开关或旋钮名称	位　　置
辉度	中间	X 轴电平	中间
校准信号开关	关	扫描速度及微调	$50\mu s/div$，校准
内、外触发	内	内触发·拉—Y_B	按下
触发耦合	AC	输入耦合	AC
触发方式	自动	显示方式	Y_A 或 Y_B
触发极性	＋	极性·拉—Y_A	按下
X 轴位移	中间	Y 轴位移	中间
Y 轴扩展	按下	灵敏度开关及微调	根据输入信号大小选择 V/div，校准

2）接通电源，电源指示灯亮。

3）找亮点。调节"辉度"旋钮使亮点的亮度适中，如果找不到亮点，可以按下"寻迹"开关寻找光点所在位置，然后适当调节"X 轴位移"、"Y 轴位移"，使亮点呈现在屏幕中心位置。

4）聚焦与辅助聚焦。调节聚焦和辅助聚焦旋钮，使屏幕上亮点最小且清晰。

2. 示波器使用时的注意事项

1）测量中，使用探头时，实际输入示波器的电压是经衰减后的电压，因此，在测量结果处理时，应将示值乘以探头衰减倍数。

2）在交流耦合方式下，测量较低频率信号时，会出现严重失真。

3）在使用示波器时，输入线必须使用示波器专用的屏蔽电缆线。

4）在进行定量测量时，X 轴扫描速度选择开关和 Y 轴灵敏度开关中的内套微调开关旋至"校准"位置。

5）在进行定量测量中，应调节被测信号波形占满整个屏幕，减小测量误差。

3.6　示波器的基本测量方法

示波器的基本测量技术，就是利用示波器对信号进行时域分析，一般可以完成的测量有电压的测量、时间的测量、频率的测量、相位的测量等。

3.6.1　电压的测量

利用示波器测电压有其独特的特点。它可以测量各种波形的电压幅度，例如：脉冲电压、正弦电压和各种非正弦波电压等。更具实际意义的是，它可以测量一个脉冲电压波形的各部分的电压幅度。

电压测量又分直流电压测量和交流电压的测量。无论进行哪一种测量，都应将示波器的 Y 轴灵敏度开关"V/div"的"微调"旋钮顺时针方向转至"校准"位置。当 Y 轴微调处于"校准"位置时，Y 轴系统的电压增益为定值。

1. 直流电压的测量

用来测量直流电压的示波器，其频率响应的下限频率必须从直流开始，否则不能用于直流电压的测量。测量方法如下。

1）先将触发方式开关置于"自动"或"高频"位置，使屏幕上出现扫描基线，再将 Y 轴输入耦合方式开关置于"⊥"处，然后调节 Y 轴"移位"旋钮使扫描线位于屏幕中间。

2）确定被测电压极性。接入被测电压，将 Y 轴输入耦合方式开关置于"DC"处，观察扫描光迹的偏移方向，若光迹向屏幕上方偏移，则被测电压为正极性，否则为负极性。

3）将 Y 轴输入耦合方式开关置于"⊥"处，然后按照直流电压极性的反方向，调节 Y "移位"旋钮，将扫描线移动到屏幕的合适位置上（整刻度线上为宜），将此处定为零电平线，此后不再移动 Y 轴"移位"旋钮。

4）测量直流电压值。将 Y 轴输入耦合再次拨到"DC"处，选择合适的 Y 轴偏转灵敏"V/div"，使屏幕显示尽可能多地覆盖 Y 方向分度格数（在有效面积范围内），以提高测量的准确度。

5）观察扫描线在 Y 轴方向平移的分度格数 H，如图 3-25 所示。与 Y 轴灵敏度开关"V/div"指示值 S_y 相乘，即为被测信号的直流电压值

$$U = HS_yK$$

图 3-25　直流电压的测量

式中　H——扫描线在 Y 轴方向移动的格数（div）；

　　　S_y——所选用的 Y 轴偏转灵敏度（V/div）；

　　　K——探极衰减系数。

例 3.2　Y 轴灵敏度开关置 0.5 处，读出水平扫描线上移 6 个格，且信号输入经 10∶1 探极，则直流电压为

$$U = HS_yK = (6 \times 0.5 \times 10)\text{V} = 30\text{V}$$

2. 交流电压的测量

示波器只能测出被测电压的峰值、峰—峰值、任意时刻的电压瞬时值或任意两点间的电位差值，如果需要求被测电压的有效值或平均值，则必须进行换算。

测量方法如下。

1）测量时先将 Y 轴输入耦合方式开关置"⊥"处，调节 Y "移位"旋钮使扫描线至屏幕中心（或所需位置），以此作为零电平线，此后不再移动 Y "移位"。

2）将 Y 轴输入耦合开关置于"AC"处。当信号频率很低时，则应置于"DC"处。

3）选择合适的 Y 轴灵敏开关（V/div），使显示的波形在 Y 轴方向中心位置尽可能

展开。

4）按坐标刻度片的分度读出波形中所测点到零电平间的分度格数 H，与 Y 轴灵敏开关"V/div"指示值 S_y 相乘，则可求出被测点的电压

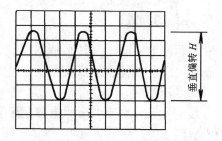

图 3-26　正弦电压的测量

$$u = H \times S_y \times K$$

若被测电压是正弦波，则读出整个波形所占 Y 轴方向的分度格数 H，如图 3-26 所示。与 Y 轴灵敏开关"V/div"指示值 S_y 相乘，即为被测信号的交流电压峰—峰值

$$U_{P-P} = H \times S_y \times K$$

其峰值电压为 $U_P = \dfrac{U_{P-P}}{2}$；有效值为 $U_{rms} = \dfrac{U_P}{\sqrt{2}}$。

3.6.2　时间和频率的测量

时间是描述周期性现象的重要参数，时间包括时刻和时间间隔，示波器所进行的时间测量是指后者。实际测量时，其原理与用示波器测量电压的原理类同，区别在于测量时间要利用示波器的 X 轴扫描因数开关"t/div"，将其"微调"旋扭顺时针方向转至"校准"位置，此时 X 轴系统的电压增益为定值。

1. 时间间隔的测量

在屏幕上调出适度的被测波形，读出被测两点间距离 D 在水平方向上所占的分度格数，由扫描因数 $S_x (t/\mathrm{div})$ 标称值及扩展倍率 K，即可算出被测信号的时间间隔 T，如图 3-27 所示。

0.5ms / div

$$T = S_x \times D \div K$$

图 3-27　时间间隔的测量

式中　T——任意两点的时间间隔；

S_x——X 轴扫描因数（t/div）；

D——被测两点间距离在水平方向所占分度格数（div）；

K——X 轴扩展倍率（根据需要选用）。

想一想：如何进行脉宽的测量？它和时间间隔的测量有何关系？

2. 周期和频率的测量

周期的测量，本质上是时间间隔的测量，因此可采用前面介绍的方法来测得。在这里需要特别提出的是，为了提高测量的准确度，常常在屏幕显示多个周期（例如 N 个周期）的波形，先读出多周期波形两个同相位点（正弦波可取两个峰顶或两个方向相同的过零点，脉冲波可取两个变化相同的突变点）在水平方向所占格数 D，由扫描因数 $S_x (t/\mathrm{div})$ 标称值及扩展倍率 K，计算出这两点间的时间间隔，然后再求出一个周期值，如图 3-27 所示。公式如下

$$T = \frac{S_x D}{KN}$$

这种方法称为多周期测量法，是测量学中常用的一种方法，如图 3-28 所示。

被测信号的频率为

$$f = \frac{1}{T} = \frac{KN}{S_x D}$$

3. 相位的测量

相位测量是指两个同频信号之间相位差的测量。设有两个频率的正弦信号电压，其表达式为

$$u_1 = U_{m1} \sin(\omega t + \theta_1)$$
$$u_2 = U_{m2} \sin(\omega t + \theta_2)$$

它们之间的相位差为

$$\Delta\theta = (\omega t + \theta_2) - (\omega t + \theta_1) = \theta_2 - \theta_1$$

可见，它们的相位差等于初相位之差，是一个常量。若 u_1 作为参考信号，当 $\Delta\theta > 0$ 时，认为 u_2 超前 u_1；若 $\Delta\theta < 0$ 时，则 u_2 滞后 u_1。

用示波器测量相位差可用单踪示波器测量，也可用双踪示波器进行测量。

（1）单踪示波法 单踪示波法测量相位差的电路接法如图 3-29 所示。当测量 u_1、u_2 之间的相位差时，若以 u_1 作为参考信号，可认为 u_1 的初始相位为零，这时应将 u_1 接至示波

a)

b)

图 3-28 示波器的多周期测量法

图 3-29 单踪示波法测量相位差

器的外触发端。u_1、u_2 的表达式可写为

$$u_1 = U_{m1} \sin(\omega t)$$
$$u_2 = U_{m2} \sin(\omega t + \Delta\theta)$$

测量时，首先令开关置于"1"处，显示出 u_1 的波形，如图 3-29b 所示的实线。调整仪器使显示波形的起始点固定在某一位置 a，读出 ac 的长度并记录下来。然后将开关置于"2"处，这时显示出 u_2 的波形，如图 3-29b 所示的虚线，读出 ab 的长度，则相位差可按下式计算，即

$$\Delta\theta = \frac{ab}{ac} \times 360°$$

为便于直接读数，也可以将 ac 长度调整为 6 格，则每格为 60°。

想一想：在进行相位的测量时，X 轴扫描因数的"微调"开关是否一定要置于"校准"位置？

（2）双踪示波法 使用双踪示波器测量相位时，可将被测信号 u_1、u_2 分别接至 Y 轴系

统的两个通道输入端，并选择 u_1 作为触发信号（超前者）。适当调整"Y 移位"，使两个信号重叠起来，如图 3-30 所示。这时可以从图中直接读取 ab 和 ac 的长度。并按式 $\Delta\theta = \dfrac{ab}{ac} \times 360°$ 计算相位差。

4. 李萨育图形法测频率

使示波器工作在 X-Y 显示方式，在 X、Y 轴系统同时加入两个正弦信号，此时，屏幕上显示的波形就是李萨育图形。李萨育图形的形状与输入的两个正弦信号的频率和相位有关，因此，可以通过对图形的分析来确定信号的频率及两者的相位差，这种方法称之为波形合成法。

在测量时，应把示波器的触发源选择开关置于"外"处。

测量时仪器的连接方法如图 3-31 所示。

a)

b)

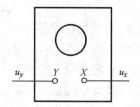

图 3-30 双踪示波器法测量相位差　　　　图 3-31 李萨育图形法测频率连接图

其中，被测信号从 Y 通道输入，标准信号源接入 X 通道。调节标准信号源直到屏幕上出现稳定的图形，图形的形状取决于被测信号与标准信号的频率比，图 3-32 所示是一些典型的李萨育图形。如果用 f_y 表示被测信号的频率，f_x 表示标准信号的频率，两者有以下关系

$$\frac{f_y}{f_x} = \frac{m}{n}$$

式中的 m、n 分别表示假设在李萨育图形上作的一条水平线和一条垂直线与图形的交点数，

$f_y : f_x$　　　　1:1　　　　2:1　　　　3:1　　　　3:2

图 3-32 典型的李萨育图形

且水平线和垂直线不通过图形交点或与图形相切。

例 3.3　调节示波器和标准信号显示出如图 3-33 所示的图形，且标准信号源的输出频率 $f_x=2\mathrm{kHz}$，求 f_y。

解：假设水平线与图形最多可以有三个相交点，即 $m=3$；同理 $n=2$，所以

假设垂直线

假设水平线

$$f_y = f_x \frac{m}{n} = 2\mathrm{kHz} \times \frac{3}{2} = 3\mathrm{kHz}$$

用李萨育图形法测出的频率值是比较准确的，但这种方法只能测量低频率信号的频率。

图 3-33　显示波形

5. 用示波器检测低频放大器

用示波器可对各种低频放大系统进行检测，如家用电器及电子仪器等设备中的低频放大电路。在直接显示低频放大器的信号时，示波器有点类似于电压表，它可将信号的形状及幅度显示出来，并通过垂直刻度读出电压值，也可以以此来判断放大器工作是否正常。

检测方法如图 3-34 所示。用示波器的探极依次接到各级放大器的输入、输出端，直至最后一级的输出端，如果整个放大器工作正常，则各测试点显示的波形将是相似的且幅度是增大的；用测量输入和输出端的信号幅度，可方便地求出各级的增益。当然，用这种方法也可以直观地显示信号的失真情况。总之，这

图 3-34　用示波器检测低频放大器

是一种非常实用的检测手段，也是维修电子设备最常用的方法之一。

3.7　电子示波器的发展概况

电子示波器是 1931 年由美国无线电公司（RCA）首次制造成功，至今已有 80 多年的历史。其发展大致可分为以下几个阶段。

第一阶段为 20 世纪 30～50 年代。电子示波器用电子管制成，频带较窄，多用于定性测试。

第二阶段为 20 世纪 60～70 年代，除示波管外均用晶体管制成，准确度较高，并且具有双踪显示能力。出现了取样示波器，频带较高，可达到 18GHz。60 年代初制成了记忆示波器；60 年代早期出现了存储示波器。

第三阶段是指 20 世纪 80 年代以后，由于出现了微处理器，使示波器向智能化方向发展。特别是便携式数字示波器的出现。传统的模拟示波器应用微处理器，以数字化形式处理并记录波形，带宽及触发情况都得到大幅度提高，波形测量速度更快、更准确，重复性更高。使用者可以像使用电脑一样，在屏幕上移动光标来测量时间和幅度，并直接获得测量数

据，省去了繁琐的数格子和考虑比例因数等工作环节。

图 3-35 所示是一种数字式示波器的简化原理图。其核心是一个中央微处理器，被测信号经模-数转换器送入数据存储器。使用者可以通过键盘发出指令，使中央微处理器对存储数据进行加、减、乘、除等一系列运算，然后送给显示部分显示；也可以通过编程，将使用者的测量过程存储起来，遇到同类物理量的测量即可自动重复这一操作过程。

数字式示波器已成为示波器的发展主流产品。它主要具有以下特点：

图 3-35　数字式示波器简化原理图

（1）波形处理能力强　数字式示波器应用了取样技术、数字技术和微处理器技术，它能对被测信号波形进行密集取样，取样值被存储在存储器中，然后根据需要取出取样值重新组合一个清楚的波形。也可以对多个波形进行类似的操作。

（2）具有移动光标测量功能　数字示波器的光标可以在屏幕上任意移动，将光标移到波形上（某个测量点上），就可以从屏幕上直接以数字形式读出结果。

（3）向多功能化发展　随着微处理器技术的应用推广，已出现了将数字万用表、频谱分析仪、频率计、信号发生器等多种电子仪器组合成便携式数字示波器，向着建立完整的测试工作站方向努力。例如，国产 PY2000—Ⅲ型双踪数字示波器就带有数字电压表、信号发生器、频率计、频谱分析仪等功能，并且配有长时间信号记录仪。

本 章 小 结

电子示波器是应用最广泛的电子测量仪器，主要应用在时域测量中，可以直观地显示被测信号波形和对多种参数进行定量的测量。

1. 示波器的显示器件是阴极射线示波管，它将被测信号由电能转化成光信号。

2. 被测信号的波形显示在屏幕上，是因为示波管内的电子束同时受到 Y 轴方向被测信号和 X 轴方向扫描锯齿波电压共同作用的结果。屏幕上要显示稳定的波形，被测信号周期必须与扫描电压周期成整数倍的关系，即保持同步。

3. 通用电子示波器由 Y 轴系统、X 轴系统和 Z 轴系统组成。

Y 轴系统：Y 轴系统的任务是将被测信号进行不失真的衰减、放大、延时后对称地加到 Y 轴偏转板，同时，向 X 轴系统提供内触发信号。Y 轴系统由探极（在仪器外部）、耦合方式选择开关、衰减器、前置放大器、后置放大器、延迟线、后置放大器及触发放大电路等组成。对应仪器面板上常设有输入耦合方式开关、Y 轴偏转灵敏度开关（V/div）、Y 移位及双踪示波器中的显示方式开关等。

X 轴系统：X 轴系统的主要任务是产生并放大一个与时间成线性关系并与被测信号保持同步的锯齿波扫描电压。X 轴系统由触发整形电路、扫描发生器电路及 X 放大器组成。而触发整形电路由触发源选择、触发耦合方式、触发极性、触发电平及放大整形电路组成。扫描发生器电路由扫描闸门、锯齿波产生电路、电压比较及释抑电路组成。对应仪器面板上常设有扫描因数开关（t/div）、触发源选择开关、触发极性选择开关、触发电平选择开关、触发耦合方式、X 移位、寻迹、扫描因数扩展开关等。

示波器工作在 X-Y 工作方式时，X 放大器放大由仪器外部输入的信号。

Z 轴系统：Z 轴系统的主要任务是为示波管、各电极供给高频高压直流电压，为各单元电路提供低频直流电压，以及为校准示波器 Y 轴系统灵敏所提供的 1V、1kHz 的标准方波信号。Z 轴系统主要包括低压直流电源、高频高压直流电源及校准信号发生器。

4. 双踪显示原理。双踪显示是通过电子开关的转换，用同一种速度扫描，"同时"显示两个互相独立且互相关联的信号波形，显示方式有交替和断续两种。

5. 示波器的基本选择原则及正确使用方法。

6. 通用示波器的基本测量方法，如电压的测量、时间和频率的测量、相位的测量等。

7. 电子示波器的发展方向是多功能、数字式的智能化示波器，它的使用将会更简单、更快捷并且测量结果会更准确。

综 合 实 验

实验一　用示波器观测正弦信号的幅度

1. 实验目的

熟悉通用示波器面板上各开关旋钮的作用，示波器的基本使用方法，用示波器观测正弦信号。通过使用进一步了解示波器原理。

2. 实验仪器

（1）示波器一台。

（2）低频信号发生器一台。

（3）电子电压表一台。

3. 实验过程

（1）将低频信号发生器的输出端与示波器 Y 轴输入端相连。

（2）调节信号发生器使其输出信号频率与电压值如表 3-2 所示，使用电子电压表进行监测。同时调节示波器，使屏幕上显示出稳定的正弦波形，并测出相应的幅度和周期；最后，把测量数据填入表 3-2 中。

表 3-2　测量数据

低频信号发生器的输出		50Hz	100Hz	500Hz	1kHz	5kHz	10kHz	500kHz	800kHz	1MHz
		0.5V	1V	1V	2V	2V	3V	4V	5V	6V
电子电压表的测量值										
示波器电压测量	"V/div" 档级									
	读数（div）									
	U_{P-P}/V									
	U_{rms}/V									
示波器周期测量	"t/div" 档级									
	读数（div）									
	周期									

4. 试验报告

(1) 实验报告要认真分析测量中的数据及测量中存在的异常现象。

(2) 分析产生误差的主要原因及减少误差的方法。

(3) 注意本实验中用电子电压表测量的是什么信号,在读数上有什么要求。

实验二 用李萨育图形法观测频率

1. 实验目的

掌握李萨育图形的调节方法,用李萨育图形法观测频率的基本方法。

2. 实验仪器

(1) 双踪示波器一台。

(2) 低频信号发生器两台。

3. 实验过程

(1) 将作为标准信号源的低频信号发生器接入示波器的 X 通道,把被测信号源接入 Y 通道。

(2) 调节被测信号发生器的频率输出分别为 50Hz、500Hz、1kHz、3kHz,再相应地调节标准信号发生器和示波器,使屏幕上显示出稳定的李萨育图形。

(3) 分析相应的李萨育图形,算出频率值,填入表 3-3 中。

表 3-3 李萨育图形法测量频率

被测信号源	50Hz	500Hz	1kHz	3kHz
李萨育图形				
m 值				
n 值				
标准信号频率 f_x				
被测信号频率 f_y				

4. 思考

(1) 李萨育图形的显示示波器以什么样的方式工作?

(2) 李萨育图形的调节过程中应注意什么问题?

(3) 李萨育图形法测量频率有什么特点?

5. 实验报告

(1) 认真整理实验报告,正确分析实验数据。

(2) 提出实验中存在的问题及解决办法。

实验三 使用示波器观测电路的波形

1. 实验目的

掌握用示波器观测实际电路(如电视机)波形的基本方法。

2. 实验器材

(1) 示波器一台。

(2) 黑白电视机一台。

3. 实验过程

（1）分析黑白电视机的电路原理图，特别注意关键点的波形形状。

（2）用示波器对这些关键点的波形进行观测，并把观测到的波形与原理图上的波形进行比较。

练　习　题

1. 示波管由哪几部分组成？各部分的作用分别是什么？

2. 通用示波器主要由哪几部分组成？各部分的作用分别是什么？

3. 延迟线的作用是什么？它对观测脉冲前沿有什么影响？

4. 设两对偏转板的灵敏度相同，如果在垂直、水平两对偏转板上分别加如下电压，则屏幕上显示什么波形？试用描点作图法画出其波形。

（1）$u_y = U_m\sin\omega t$，$u_x = U_m\cos\omega t$

（2）$u_y = U_m\sin\omega t$，$u_x = U_m\sin 2\omega t$

（3）$u_y = U_m\sin\omega t$，$u_x = U_m\sin\omega t$

5. 若要观测 100MHz 的信号，应选择示波器的频带宽度为多少？

6. 若要观测上升时间为 0.009μs 的脉冲信号，应选择频带宽度为多少的示波器？

7. Y 轴偏转灵敏度为 200mV/div 的 100MHz 示波器，观察 100MHz 正弦波，其峰—峰值为 $\sqrt{2}$V，问屏幕上显示的波形高度为几个格？当 $u_y = 500$mV（有效值）时波形总高度又应为几个格？

8. 已知示波器的 Y 轴偏转灵敏度 $S_y = 0.5$V/div，屏幕有效高度为 10div，扫描因数为 0.1ms/div。被测信号为正弦波，屏幕上显示波形的总高度为 8div，两个周期的波形在 X 方向占 10div。求该被测信号的频率 f_y、振幅 U_m、有效值 U_{rms}。

9. 某示波器 X 方向最高扫描因数为 0.01μs/div，其屏幕在 X 方向可用宽度为 10div，如要观察两个完整周期波形，问示波器最高工作频率为多少？

10. 被测信号电压波形如图 3-36a 所示。屏幕上显示的波形有图 3-36b、c、d、e 几种情况。试说明各种情况下的触发极性与触发电平旋钮的位置。

a)　　　　　　b)　　　　　　c)　　　　　　d)　　　　　　e)

图 3-36　题 10 图

11. 示波器在正常工作的情况下，波形在屏幕的 X、Y 轴方向没有展开是什么原因？（简答）

第 4 章　电压测量技术

〜〜〜〜〜〜〜〜〜〜〜〜〜〜〜〜〜〜〜〜〜〜〜〜〜〜〜〜〜〜〜〜〜〜

内容提要：

　　本章主要介绍了电子电路中电压的特点；交流电压的几种参数形式及它们之间的关系。电子电压表的类型；均值型电压表、峰值型电压表的原理、使用方法、测量误差的分析方法；有效值电压表的原理。数字式电子电压表的分类；比较式、积分式数字电压表的原理；数字多用表的原理；数字电压表的主要性能指标，电子电压表的基本使用技能。

〜〜〜〜〜〜〜〜〜〜〜〜〜〜〜〜〜〜〜〜〜〜〜〜〜〜〜〜〜〜〜〜〜〜

4.1　概述

　　电压测量是电子电路测量的一个重要内容。电子设备的许多工作特性，诸如增益、衰减、灵敏度、频率特性、调幅度等都可视为电压的派生量；而电子设备的各种控制信号、反馈信号、报警信号等，往往也直接表现为电压量；总之，电压测量是许多电参量测量的基础。

　　科学实验中、在生产及仪器设备的检修和调试中，我们所要测量的电压信号其频率范围往往从 0.00001Hz 到数千兆赫，其幅度甚至小到毫伏（mV）；波形除了正弦波外，还包括方波、锯齿波、三角波等。采用普通的电工仪表是不能进行有效测量的，必须借助于电子电压表来进行测量。本章将讨论模拟式和数字式两种电子电压表，它们是应用最广泛的电压测量仪器。

4.1.1　电子电路中电压的特点

　　谈到电压的测量，很多人会首先想到万用表。的确，万用表的应用是很广泛的，但是在电子电路中它往往是不适用的。电子电路中的电压具有如下特点。

　　1. 频率范围宽

　　电子电路中电压的频率可以在直流（0Hz）到数百兆赫范围内变化。而单纯 50Hz 的电压是很少的。不同频率的电压量要用相应的电压表去测量。

　　2. 电压范围广

　　被测电压的量值范围是选择电压测量仪器量程范围的依据。通常，电子电路中的电压值的下限低至 nV 数量级，而上限则高至几十千伏左右。这就要求所使用的电压测量仪器依测量电压的量值进行不同电压表的选择。

　　3. 等效电阻高

　　电压测量仪器的输入电阻就是被测电路的额外负载，为了减小仪器的接入对被测电路的影响，要求其具有较高的输入电阻。

在测量较高频率的电压时，还应当考虑输入电容等的影响，以及阻抗匹配等问题。

4. 波形多种多样

电子电路中除了正弦波电压外，还有大量的非正弦电压。这时，从普通指示仪表刻度盘上直接获得的示值往往含有较大的波形误差。

另外，被测电压中往往是交流与直流并存，甚至还串入一些噪声干扰等不需要测量的成分。这需要在测量中对其加以区分。

电子电路中电压量的测量，通常属于工程测量范围，只要求有一定的准确度即可。但有些场合，要求有较高的准确度。具体测量准确度要视具体情况而定。

4.1.2　交流电压的基本参数

描述交流电压的基本参数有：峰值、平均值和有效值。

1. 峰值

任一个交变电压在所观察的时间内或一个周期性信号在一个周期内偏离零电平的最大电压瞬时值称为峰值，通常，用 U_p 表示。如果电压波形是双极性的，且不对称，则正峰值 U_p^+ 和负峰值 U_p^- 是不同的，如图 4-1a 所示。

任一个交变电压在所观察的时间内或一个周期性信号在一个周期内偏离直流分量 U_0 的最大值称为幅值或振幅，用 U_m 表示，正、负幅值不等时分别用 U_m^+ 和 U_m^- 表示，如图4-1b 所示，图中 $U_0=0$，且正、负幅值相等。

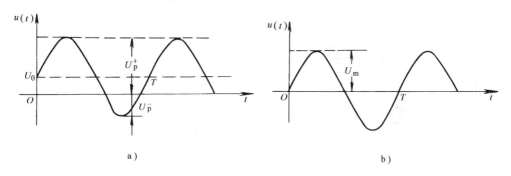

a)　　　　　　　　　　　　　　　　　　　b)

图 4-1　交流电压的峰值与振幅值

注意：峰值与振幅值的区别。

峰值是从零参考电平开始计算的，振幅值则是以直流分量为参考电平计算。对于正弦交流信号而言，当不含直流分量时，其振幅等于峰值，且正负峰值相等。

2. 平均值

任何一个周期性信号 $u(t)$，在一周期内电压的平均大小称为平均值，通常，用 $\overline{U}$ 表示。平均值的数学表达式为

$$\overline{U} = \frac{1}{T}\int_0^T u(t)\,\mathrm{d}t$$

在交流电压测量中，平均值指检波之后的平均值，故又可分为半波平均值及全波平均值。

3. 有效值

任何一个交流电压，通过某纯电阻所产生的热量与一个直流电压在同样情况下产生的热量相同时，该直流电压的数值即为交流电压的有效值，通常，用 U_{rms} 表示。有效值的数学表

达式为

$$U_{rms} = \sqrt{\frac{1}{T}\int_0^T u^2(t)\,dt}$$

当不特别指明时，交流电压的值就是指它的有效值，而且各类电压表的示值都是按有效值刻度的。

4. 波形系数和波峰系数

为了表征同一信号的峰值、有效值及平均值的关系，引入了波形系数和波峰系数。

波形系数：交流电压的有效值与平均值之比，通常，用 K_F 表示，即

$$K_F = \frac{U_{rms}}{\overline{U}}$$

波峰系数：交流电压峰值与有效值之比，通常，用 K_P 表示，即

$$K_P = \frac{U_P}{U_{rms}}$$

表 4-1 列出了几种典型交流信号的波形系数、波峰系数参数值。

表 4-1　典型交流信号波形系数、波峰系数参数值

序	名　称	波　形　图	波形系数 K_F	波峰系数 K_P	有　效　值	平　均　值
1	正弦波		1.11	1.414	$U_P/\sqrt{2}$	$\frac{2}{\pi}U_P$
2	半波整流		1.57	2	$U_P/2$	$\frac{1}{\pi}U_P$
3	全波整流		1.11	1.414	$U_P/\sqrt{2}$	$\frac{2}{\pi}U_P$
4	三角波		1.15	1.73	$U_P/\sqrt{3}$	$U_P/2$
5	锯齿波		1.15	1.73	$U_P/\sqrt{3}$	$U_P/\sqrt{2}$
6	方　波		1	1	U_P	U_P

（续）

序	名 称	波 形 图	波形系数 K_F	波峰系数 K_P	有 效 值	平 均 值
7	梯形波		$\sqrt{\dfrac{1-\dfrac{4\phi}{3\pi}}{1-\dfrac{\phi}{\pi}}}$	$\dfrac{1}{\sqrt{1-\dfrac{4\phi}{3\pi}}}$	$\sqrt{1-\dfrac{4\phi}{3\pi}}\,U_P$	$\left(1-\dfrac{\phi}{\pi}\right)U_P$
8	脉冲波		$\sqrt{\dfrac{T}{t_w}}$	$\sqrt{\dfrac{T}{t_w}}$	$\sqrt{\dfrac{t_w}{T}}\,U_P$	$\dfrac{t_w}{T}U_P$
9	隔直脉冲波		$\sqrt{\dfrac{T-t_w}{t_w}}$	$\sqrt{\dfrac{T-t_w}{t_w}}$	$\sqrt{\dfrac{t_w}{T-t_w}}\,U_P$	$\dfrac{t_w}{T-t_w}U_P$
10	白噪声		1.25	3	$\dfrac{1}{3}U_P$	$\dfrac{1}{3.75}U_P$

4.1.3 电子电压表的分类

电子电压表的类型很多，一般按测量结果的显示方式将它们分为模拟式电子电压表和数字式电子电压表。

1. 模拟式电子电压表

模拟式电子电压表，一般是用磁电系电流表头作为指示器。由于磁电系电流表只能测量直流电流，测量直流电压时，可直接经放大或经衰减后，变成一定量的直流电流驱动直流表头的指针偏转指示其大小；测量交流电压时，须经过交流-直流转换器，将被测交流电压先转换成与之成比例的直流电压后，再进行直流电压的测量。

在模拟式电子电压表中，大都采用整流的方法将交流信号转换成直流信号，然后通过直流表头指示读数，这种方法称为检波法。另外，还有热电偶转换法和公式转换法等。

根据电子电压表电路组成方式的不同，模拟式电子电压表又有不同类型，下面介绍几种典型的类型。

（1）放大-检波式 放大-检波式电子电压表，是先将被测信号进行放大，再进行检波，然后通过直流表头指示读数，如图 4-2 所示。

图 4-2 放大-检波式电子电压表的原理框图

其中放大电路一般采用多级宽带交流放大器，灵敏度很高，可测几十～几百微伏左右的电压，频率上限可达 10MHz；交直流转换器常采用平均值检波器。这种类型的电子电压表常称为"毫伏表"。

（2）检波-放大式　　检波-放大式电子电压表对被测交流电压采取了先检波后放大的方法，故频率范围、输入阻抗等都主要取决于检波器。如果应用超高频二极管检波，则频率范围可达 $20\text{Hz}\sim1\text{GHz}$。因此，这类电压表也称为"超高频电子电压表"。其原理框图如图 4-3 所示。

图 4-3　检波-放大式电子电压表原理框图

检波-放大式电子电压表的交直流转换器采用了峰值检波器。

（3）热电转换式和公式式　　热电转换式通过热电偶将交流电有效值转换成直流电压值，这种方法的优点是没有波形误差，但是有热惯性，频带不宽。

公式式是利用有效值公式，即

$$U_{rms} = \sqrt{\frac{1}{T}\int_0^T u^2(t)\,\mathrm{d}t}$$

经过模拟平方器、积分器、开方器等转换环节进行转换。这种方法，频带受转换器的限制，准确度较低。常用于较低频率有效值电压的测量。

2. 数字式电压表

数字式电压表首先利用模-数（A-D）转换原理，将被测的模拟量电压转换成相应的数字量电压，用数字式电压表直接显示被测电压的量值。与模拟式电压表相比，数字式电压表具有精度高、测量速度快、抗干扰能力强、自动化程度高、便于读数等优点。

最基本、最常见的数字式电压表是直流数字式电压表（DVM），在其输入端配以不同的转换器或传感器就可以测量交流电压、电流、电阻等电量。它是多种数字测量仪器的基本组成部分。

直流数字式电压表的组成框图如图 4-4 所示。仪器主要由模拟电路、数字逻辑电路及显示电路组成。其中，模拟电路中的模-数（A-D）转换器是数字式电压表的核心，应用不同的 A-D 转换原理就能构成不同类型的数字电压表。

图 4-4　直流数字电压表的组成

（1）逐次比较型数字电压表　　以逐次比较型 A-D 转换器为核心部件，将被测电压与已知的不断递减的基准电压进行逐次比较，最终获得被测电压值。

逐次比较型数字电压表的分辨力和准确度均较高，但抗干扰性差。

（2）积分型数字电压表　　以积分型 A-D 转换器为核心部件，利用积分原理把被测电压量换为与之成正比的时间或频率，再利用计数器测量脉冲的个数来反映电压的数值。

积分型数字电压表抗干扰能力强，但转换速度慢。

4.2 模拟式电子电压表

模拟式电子电压表根据交、直流转换方式（检波方式）的不同分为均值型、峰值型和有效值型三种。下面分别讨论这三种类型电压表的基本组成、工作原理及其使用中的误差处理方法。

4.2.1 均值型电子电压表

均值型电子电压表属于放大-检波式电子电压表。先将被测交流电压进行放大，然后进行检波。检波器-交直流转换器常采用平均值检波器，所以称为均值型电压表。均值型电压表常用于低频信号电压的测量。

平均值检波器分为半波式和全波式两种，不特别注明时，都指全波式平均值检波器。

1. 平均值检波器原理

均值电压表内常用的平均值检波器电路如图 4-5 所示。图 4-5a 所示为桥式全波整流器电路，图 4-5b 所示为半桥式全波整流电路。图 4-5b 中以电阻代替了图 4-5a 中的两只二极管，这在实际电路中是常见的。

a) 桥式全波整流器电路　　b) 半桥式全波整流电路

图 4-5　平均值检波器电路

以图 4-5a 所示为例，设输入电压为 $U(t)$，$VD_1 \sim VD_4$ 相同其正向电阻为 R_d，微安表内阻为 r_m。理论证明，流过微安表的电流 $\bar{I}$ 为

$$\bar{I} = \frac{\bar{U}}{2R_d + r_m}$$

由上式可知，均值电压表的表头偏转正比于被测电压的平均值，即 $\bar{I} \propto K\bar{U}$（K 为比例系数）。整流后的平均电流与输入波形无关，只与其平均值有关。

2. 定度系数与波形换算

由于实际测量中正弦波使用最普遍，因此，电子电压表刻度皆用正弦有效值来定度。微安表的指针偏转角 α 与被测电压平均值 $\bar{U}$ 成正比。但仪表度盘是按正弦波电压有效值刻度的，所以电表在额定频率下加正弦交流电压时的指示值为

$$U_\alpha = K_\alpha \bar{U}$$

式中　$\bar{U}$——被测任意波形电压的平均值；

K_α——定度系数。

由上式可知

$$K_\alpha = \frac{U_\alpha}{\bar{U}}$$

如果被测电压是正弦波，又采用全波检波电路，若已知正弦有效值电压为 1V 时，全波

检波后的平均值则为$\dfrac{2\sqrt{2}}{\pi}$V，故

$$K_\alpha = \frac{U_\alpha}{\overline{U}} = \frac{1}{2\sqrt{2}/\pi} \approx 1.11$$

利用均值表测量非正弦波电压时，其示值U_α是没有直接意义的，只有把示值转换后，才能得到被测电压的有效值。这是在使用此类电压表时要特别注意的一点。

首先按"平均值相等示值也相等"的原则将示值U_α折算成被测电压的平均值，即

$$\overline{U} = \frac{U_\alpha}{K_\alpha} = \frac{1}{1.11}U_\alpha \approx 0.9U_\alpha$$

再根据波形系数K_F求出被测电压的有效值

$$U_{xrms} = K_F \overline{U} \approx 0.9K_F U_\alpha$$

不同波形的信号电压具有不同的波形系数K_F，见表4-1。常用的波形系数有：正弦波$K_F = 1.11$，方波$K_F = 1$，三角波$K_F = 1.15$。

由上可知，用均值型电压表测量电压时，对非正弦波要进行波形换算。换算方法是：当测量任意波形电压时，将从电压表刻度盘上读取的示值先除以定度系数，折算成正弦波电压的平均值；然后按平均值相等示值也相等的原则，用波形系数换算出被测的非正弦电压有效值。

对于采用全波检波电路的电压表，被测电压的有效值与示值的关系是

$$U_{xrms} = 0.9K_F U_\alpha$$

想一想： 用均值型电压表测量正弦波电压时，读数有意义吗？其值是什么？

例4.1 用均值表（全波式）分别测量正弦波、方波及三角波电压，电压表示值为10V，问被测电压的有效值分别是多少伏？

解： 1）对于正弦波示值就是有效值，故正弦波的有效值$U_{rms} = 10$V。

2）对于方波

因为方波的波形系数$K_F = 1$，示值$U_\alpha = 10$V。

所以方波电压的有效值$U_{rms} = 0.9K_F U_\alpha = (0.9 \times 1 \times 10)$ V $= 9$V。

3）对于三角波

因为三角波的波形系数$K_F = 1.15$，示值$U_\alpha = 10$V。

所以三角波电压的有效值$U_{rms} = 0.9K_F U_\alpha = (0.9 \times 1.15 \times 10)$ V $= 10.35$V。

3. 波形误差分析

以全波均值表为例，当以示值U_α作为被测电压有效值U_{xrms}时，所引起的绝对误差ΔU为

$$\Delta U = U_\alpha - 0.9K_F U_\alpha = (1 - 0.9K_F)U_\alpha$$

示值相对误差γ_u为

$$\gamma_u = \frac{\Delta U}{U_\alpha} = \frac{(1 - 0.9K_F)}{U_\alpha} = 1 - 0.9K_F$$

例如，当被测电压为方波时

$$\gamma_u = 1 - 0.9K_F = 1 - 0.9 \times 1 \times 100\% = 0.1 \times 100\% = 10\%$$

即产生正10%的误差。由例4.1可知，实际有效值是9V，但电压表示值为10V，多指示

1V，其误差为10%。

当被测电压为三角波时

$$\gamma_u = 1 - 0.9K_F = 1 - 0.9 \times 1.15 \times 100\% = -0.035 \times 100\% \approx -3.5\%$$

即产生负3.5%的误差。由例4.1可知，实际有效值为10.35V，但电压表的示值为10V，少指示0.35V，其误差为负的3.5%。

可见，对于不同的波形，所产生的误差大小及方向是不同的。

用均值表测量交流电压，除了波形误差之外，还有直流微安表本身的误差、检波二极管的老化或变值等所造成的误差，但主要是波形误差。

4. DA—16型毫伏表简介

模拟式电子电压表种类型号很多。例如，国产GB—9型电子管毫伏表和DA—16型晶体管毫伏表均为均值型电子电压表。现以DA—16型晶体管毫伏表为例对均值型电子电压表作简要介绍。

DA—16型晶体管毫伏表原理图如图4-6所示。前置级组成阻抗变换器，获得高输入阻抗。步进分压器用于选择量程。放大电路A与VT_1、VT_2组成的串联电压负反馈电路构成宽频带放大器。二极管VD_1、VD_2及R_1、R_2组成全波检波电路。微安表及附属元件构成指示电路。

图4-6　DA—16型晶体管毫伏表原理图

4.2.2　峰值型电压表

它属于检波-放大式电子电压表。其工作原理是，先对被测交流电压进行检波，然后进行放大。检波器-交直流转换器常采用峰值检波器，所以称为峰值型电压表。峰值型电压表常用来测量高频信号电压。

1. 峰值检波器原理

峰值电压表内常用的峰值检波器如图4-7所示。图4-7a所示为串联式，图4-7b所示为并联式。

以图4-7a所示为例，若满足

$$RC \gg T_{max}, R_{\Sigma}C \ll T_{min}$$

a) 串联式峰值检波器　　　b) 并联式峰值检波器

图4-7　峰值检波器电路

式中　T_{max}、T_{min}——被测交流电压的最大周期和最小周期；

R_Σ——信号源内阻与二极管正向内阻之和。这样可以使电容 C 充电时间短，放电时间长，从而保持电容 C 两端的电压始终接近等于输入电压的峰值，即 $\overline{U}_R = \overline{U}_C \approx U_P$。

由上述可知，峰值检波器检波后的直流电压与输入的被测交流电压的峰值（正弦波电压的振幅值）成正比。

2. 定度系数与波形换算

一般的峰值电压表与均值电压表类似，也是按正弦波有效值进行刻度，电压表在额定频率下加正弦交流电压时的指示值为

$$U_\alpha = K_\alpha U_P$$

式中　U_P——被测任意波形电压的峰值；

　　　K_α——定度系数。

当被测电压为正弦波时

$$K_\alpha = \frac{U_\alpha}{U_P} = \frac{U_{rms}}{U_P} \frac{1}{\sqrt{2}}$$

式中　U_{rms}——正弦波的有效值。

根据波峰系数的定义，正弦波的波峰系数为 $K_P = \dfrac{U_P}{U_{rms}} = \sqrt{2}$，即定度系数的倒数。常用波形的波峰系数还有，方波 $K_P = 1$，三角波 $K_P = \sqrt{3}$。

与均值电压表同理，当用峰值电压表测量非正弦波电压时，其指示值是没有直接意义的。只有将示值除以定度系数 K_P 等于正弦波的峰值，按峰值相等示值也相等的原则，再用波峰系数换算成被测电压 $u_x(t)$ 的有效值，即首先将示值折算成正弦波峰值，即

$$U_P = \sqrt{2} U_\alpha$$

再由波峰系数和峰值之间的关系算出有效值，即

$$U_{xrms} = \frac{1}{K_P} U_P$$

或者

$$U_{xrms} = \frac{\sqrt{2}}{K_P} U_\alpha$$

例 4.2　用峰值电压表分别测量正弦波、方波及三角波电压，电压表示值均为 10V，问被测电压有效值是多少？

解： 1) 对于正弦波，示值就是有效值，故正弦波的有效值 $U_{rms} = 10$V。

2) 对于方波

因为方波的波峰系数　$K_P = 1$，示值 $U_\alpha = 10$V。

所以方波的有效值　$U_{rms} = \dfrac{\sqrt{2}}{K_P} U_\alpha = \dfrac{\sqrt{2}}{1} \times 10\text{V} \approx 14.1\text{V}$。

3) 对于三角波

因为三角波的波峰系数为　$K_P = \sqrt{3}$，示值 $U_\alpha = 10$V。

所以方波的有效值为　$U_{rms} = \dfrac{\sqrt{2}}{K_P} U_\alpha = \dfrac{\sqrt{2}}{\sqrt{3}} \times 10\text{V} \approx 8.2\text{V}$。

3. 误差分析

峰值电压表在测量时若以示值 U_α 作被测电压的有效值 $U_{x.\,\mathrm{rms}}$，则所引起的绝对误差 ΔU 为

$$\Delta U = U_\alpha - \frac{\sqrt{2}}{K_P}U_\alpha = \left(1 - \frac{\sqrt{2}}{K_P}\right)U_\alpha$$

示值相对误差 γ_u 为

$$\gamma_u = 1 - \frac{\sqrt{2}}{K_P}$$

很容易求出，测量方波和三角波时示值相对误差分别是 -41% 和 18%。所以，用峰值电压表测量非正弦波电压，要进行波形换算，以减小波形误差。

用峰值表测量交流电压，除了波形误差之外，还有理论误差。由 5-7 所示原理图可知，峰值检波电路的输出电压的平均值 $\overline{U}_R$ 总是小于被测电压的峰值 U_P，这是峰值电压表固有误差。

另外，峰值电压表适用于测量高频交流电压，如果应用在低频情况，则测量误差增加。经分析，低频时相对误差为

$$\gamma_L = -\frac{1}{2fRC}$$

式中　f——被测电压的频率。频率愈低，误差愈大。

4. HFJ—8 型超高频晶体管毫伏表简介

下面以应用广泛的 HFJ—8 型超高频晶体管毫伏表为例简要介绍检波-放大式电子电压表的基本原理。其原理框图如图 4-8 所示。

图 4-8　HFJ—8 型超高频毫伏表原理框图

HFJ—8 型毫伏表使用峰值检波器，输出与被测信号的峰值成正比的电压。检波之后的电压经平衡式调制器调制，变成固定频率的交流信号，然后再进行选频放大，再由全波解调器变换成直流电压送显示器显示。

由上述可知，无论是均值电压表还是峰值电压表，一般都按正弦波有效值进行定度。因此，当被测电压为非正弦波时，将会带来波形误差。这一现象又称为波形响应。

4.2.3　有效值电子电压表

1. 热电转换式有效值电压表

热电转换式有效值电压表电路如图 4-9 所示。图中 AB 是加热丝，当接入被测电压 $u_x(t)$ 时，加热丝发热，热偶 M 的热端 C 点温度高于冷端 D、E，产生热电动势，有直流电流 I 流过微安表，此电流与热电动势成正比，热端温度正比于被测电压有效值 $U_{x\mathrm{rms}}$ 的平方。

所以直流电流正比于 $U_{x\mathrm{rms}}^2$，即 $I \propto K U_{x\mathrm{rms}}^2$。

利用热电偶实现有效值电压的测量，基本上没有波形误差，测量非正弦波电压过程简单。其主要缺点是有热惯性，使用时需要等指针偏转稳定后才能读数。

2. 计算式有效值电压表

交流电压的有效值就是其均方根值。根据这一关系式，利用模拟电路对信号进行平方、积分、开平方等运算即可得到被测电压的有效值。

均方根运算的有效值电压表原理图如图 4-10 所示。第一级是模拟乘法器，其输出正比于 $u_x{}^2(t)$；第二级是积分器；第三级将积分器输出的 $\frac{1}{T}$ 进行开平方，最后输出的电压正比于被测电压的有效值，通过仪表显示出结果。

图 4-9　热电转换式有效值电压表电路原理　　　　图 4-10　计算式有效值电压表原理图

4.2.4　应用实例

1. 变压器电压比和放大器增益的测量

图 4-11 所示是变压器电压比测量原理图。用模拟式电子电压表分别测量变压器一、二次侧的端电压 U_1 和 U_2，则电压比为

$$N = \frac{U_2}{U_1}$$

图 4-12 所示是放大器增益测量的原理图。用模拟式电子电压表分别测量放大器输入端和输出端的电压 U_1 和 U_2，则增益为

$$A = \frac{U_2}{U_1}$$

在以上测量中，应注意：

① 信号源 U_s 的频率范围必须与被测电路的频率特性相适应，以免引入频率失真，给测量带来误差。

② 信号源电压 U_s 的幅度应合适，以免引起非线性失真。

图 4-11　变压器电压比测量的原理图　　　　图 4-12　放大器增益测量的原理图

2. 纹波系数的测量

直流稳压电源纹波系数的测量方法如图 4-13 所示。先用直流电压表测出 a、c 两端的直

流电压 U，再用模拟式电子电压表测出 b、c 两端的纹波电压 u。由于纹波系数是指电源电路的直流输出电压 U 上所叠加的交流分量的总有
效值与直流分量的比值，因此，纹波系数 γ 为

$$\gamma = \frac{u}{U}$$

在具体测量中，隔直电容 C 的容量应选大
一些，一般在几个微法以上。

图 4-13　直流稳压电源纹波系数的测量

4.3　数字电子电压表

数字电压表（DVM）在近几年来已成为极其精确、灵活多用的电子仪器。此外，DVM
能很好地与其他数字仪器（包括微型计算机）相连接，因此，在自动化测量系统的发展中占
有重要地位。

讨论 DVM 的主要内容可归结为电压测量的数字化方法。模拟量的数字化测量，其关键
是如何把随时间作连续变化的模拟量变成数字量，它的实现由模-数（A-D）转换器来完成。
把模拟量变成数字量进行测量的过程，可用图 4-14 所示来概括。

图 4-14　电压测量的数字化过程

DVM 可以简单理解为 A-D 转换器加电子计数器，其中，核心为 A-D 转换器。各类
DVM 之间的最大区别在于 A-D 转换方法的不同，而各类 DVM 的性能在很大程度上也取决
于所用 A-D 转换的方法。按其基本工作原理主要分为比较型和积分型两大类。

4.3.1　数字电压表的基本原理

1. 逐次逼近比较式 DVM

逐次逼近比较式 A-D 转换是属于比较式 A-D 转换，其基本原理是用被测电压与可变的已
知电压（基准电压）进行比较，直到达到平衡，测出被测电压。它的原理与天平很相似，不同
的是，它用各种数值的电压做砝码，将被测电压与可变的砝码（标准）电压进行比较。

逐次逼近比较式 DVM 的原
理框图如图 4-15 所示。图中的
D-A 转换器把由基准电压源输
出的高稳定度基准电压分成若干
个步进砝码电压 U_N。例如，将
10V 的基准电压分成 8V、4V、
2V、1V、0.8V、0.4V、0.2V、
……0.008V、0.004V、0.002V、
0.001V；U_N 与 U_x 在比较器进行
逐次比较，获得差值电压 $\Delta U=$

图 4-15　逐次逼近比较式 DVM 原理框图

$U_x - U_N$。当 $\Delta U \geqslant 0$ 时，比较器输出脉冲信号，使数码寄存器保留该 U_N；而 $\Delta U < 0$ 时，则舍去该 U_N。最后，当数码寄存器中的 U_N 累积总和与被测电压 U_x 相等时，以上比较过程停止，显示器显示数码寄存器中的 U_N 累加总和值。控制电路控制全部工作过程。

例 4.3　用以上电压表测 $U_x = 3.501\text{V}$ 的电压，测量过程为：测量前，控制电路发出清零信号，使各电路清零，即 $U_N = 0$。

1) 当 $U_N = 8\text{V}$ 时，U_N 与 U_x 在比较器中进行比较，因 $U_x < U_N$，比较产生 $\Delta U < 0$ 信号，则舍去该 U_N。

2) 当 $U_N = 4\text{V}$ 时，因 $U_x < U_N$，得 $\Delta U < 0$，则舍去该 U_N。

3) 当 $U_N = 2\text{V}$ 时，因 $U_x > U_N$，得 $\Delta U > 0$，则将该 U_N 存入数码寄存器，记为 U_{N1}。

4) 当 $U_N = U_{N1} + 1\text{V} = 2\text{V} + 1\text{V} = 3\text{V}$ 时，因 $U_x > U_N$，得 $\Delta U > 0$，则存入数码寄存器，记为 U_{N2}。

5) 当 $U_N = U_{N2} + 0.8\text{V} = 3\text{V} + 0.8\text{V} = 3.8\text{V}$ 时，因 $U_x < U_N$；则舍去该 U_N，数码寄存器中仍为 U_{N2}。

……

直到 $U_N = 2\text{V} + 1\text{V} + 0.4\text{V} + 0.1\text{V} + 0.001\text{V} = 3.501\text{V}$ 时，因 $U_x = U_N$，比较过程结束。此时显示器显示 3.501V。

逐次逼近比较式数字电压表的优点是分辨率和准确度均较高，测量速度快；缺点是抗干扰性差。

2. 双斜积分式 DVM

双斜积分式 DVM 原理框图如图 4-16 所示。此电路的特点是，在一个测量周期内，用积分器 A 进行两次积分。首先对被测电压 U_x 在规定时间内进行定时积分，然后切换 A 的输入电压，输入基准电压 U_N，对 U_N 进行反向定值积分。然后通过两次积分的比较，将输入信号 U_x 变换成与之成正比的时间间隔。通过计数器计数，由电子计数器部分经显示器显示被测电压 U_x 值。

图 4-16　双斜积分式 DVM 原理框图

双斜积分式 DVM 工作过程分三个阶段，如图 4-17 所示。

(1) 准备阶段（$t_0 \sim t_1$）　由逻辑控制电路将图 4-16 所示的电子开关 S_4 接通（其余断

开），使积分器输入电压 $U_i=0$，则其输出电压 $U_o=0$，作为初始状态。

（2）定时积分阶段（$t_1 \sim t_2$）
对直流被测信号 U_x 定时积分，设被
测电压 $U_x<0$。

在 t_1 时刻，逻辑控制电路将电
子开关 S_4 断开，同时接通 S_1。接入
被测电压 U_x，积分器作正向积分，
输出电压 u_{o1} 线性增加；同时逻辑控
制电路将闸门打开，计数器对时钟
脉冲计数。经过预置时间 T_1，即在
t_2 时刻，计数器溢出，清零，进位
脉冲使逻辑控制电路将 S_1 断开，S_2
接通，定时积分阶段结束。此时，
积分器输出电压为

图 4-17　双斜积分式 DVM 的工作原理

$$u_{o1} = -\frac{1}{RC}\int_{t_1}^{t_2}(-U_x)\,\mathrm{d}t$$

t_2 时刻时

$$u_{om} = \frac{T_1}{RC}U_x$$

若 U_x 为直流电压，则

$$u_{om} = \frac{T_1}{RC}U_x \tag{4-1}$$

可见，积分器输出电压 u_{o1} 正比于被测电压 U_x。

因为 $t_1 \sim t_2$ 区间是定时积分，T_1 是预先设定的。u_{o1} 的斜率由 U_x 决定（U_x 大，斜度
陡，u_{om} 值则高）。当 U_x（绝对值）减小时，其顶点为 u_{om}，如图 4-17 所示的虚线。

（3）定值积分阶段（$t_2 \sim t_3$）　对基准电压 U_N 进行定值积分阶段。

当 S_1 断开，S_2 接通后，标准电压 U_N 被接入积分器，并使积分器作反向积分，其输出
电压 u_{o2} 从 u_{om} 开始线性下降。同时，计数器清零，闸门开启，重新计数，并送入寄存器。同
时，S_2 断开，S_3、S_4 接通，积分器恢复到初始状态，C 放电，进入休止阶段（$t_3 \sim t_4$），为
下一次测量周期做准备。

到 t_3 时积分器输出电压 $u_{o2}=0$，获得时间间隔为 T_2，在此期间输出电压

$$u_{o2} = U_{om} + \left[-\frac{1}{RC}\int_{t_2}^{t_3}(+U_N)\,\mathrm{d}t\right]$$

t_3 时刻

$$u_{o2} = 0 = U_{om} - \frac{T_2}{RC}U_N$$

代入式（4-1）

$$\frac{T_2}{RC}U_N = U_{om} = \frac{T_1}{RC}U_x$$

整理得

$$U_x = \frac{U_N}{T_1}T_2$$

式中，U_N、T_1 均为常数，则被测电压 U_x 正比于时间间隔 T_2。

若在 T_1 时间内计数器计数结果为 N_1，即 $T_1 = N_1T_0$；在 T_2 时间内计数结果为 N_2，即 $T_2 = N_2T_0$；式中 T_0 为计数器的计数脉冲周期，则

$$U_x = \frac{U_N}{N_1}N_2$$

因此，被测电压 U_x 正比于 T_2 期间计数器所计入的时钟脉冲个数 N_2。

（4）显示阶段　计数器输出脉冲存在寄存器中，经译码，在显示器中显示出被测电压 U_x 值。

综上所述，双斜积分式 DVM 的准确度取决于标准电压 U_N 的准确度和稳定性，而 U_N 的准确度可以做得很高，因而该表准确度高，抗干扰能力强，应用广泛。

4.3.2　多用型 DVM 工作原理

前述均为直流 DVM 的原理，为了实现交流电压、直流电流、直流电阻等参数的测量，以测直流电压的 DVM 为基础，通过各种转换器将这些量值转换成直流电压，再进行测量，从而可以组成多用型 DVM（也称为数字万用表），如图 4-18 所示。

下面简介几种参数转换器的基本原理。

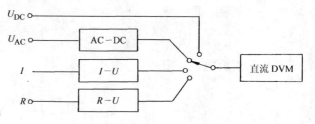

图 4-18　多用型 DVM 原理图

1. 交流电压-直流电压（AC-DC）转换器

4.2 节中介绍过模拟式电压表利用二极管构成的平均值和峰值检波器，驱动直流微安表指针偏转，这种检波器是非线性的。而直流 DVM 则是线性化显示的仪器，同直流 DVM 配接的转换器则必须将被测电压的有效值，线性地转换成直流电压，一般称它为线性检波器。4.2 节曾叙述过的直接用公式方均根运算的有效值转换过程可实现交流-直流线性检波。

2. 直流电流-直流电压（I-U）转换器

如图 4-19 所示，最常用的直流电流-直流电压的转换是利用欧姆定律，使被测的直流电流 I_x 通过标准电阻 R_s（采样电阻），以 R_s 上的直流压降 U_x 表示 I_x 的大小，即

$$U_x = I_xR_s$$

此电压正比于 I_x，用直流 DVM 测得电阻上的电压，即可实现对未知直流电流的测量。

图 4-19　I-U 转换器原理图

如图 4-20 所示为多用型 DVM 采用的直流电流-直流电压转换器的一个实例。电路图中的输出端 U_o 连接至 DVM 的输入端，由图示可见，输入

到 DVM 的电压与 I_x 成正比，因为 $U_o = AU_i = AI_xR_N$（式中的 A 为放大器的放大倍数），可见 U_o 与 I_x 成正比。用开关 $S_1 \sim S_4$ 切换不同的采样电阻，即可得到不同的电流量程，而输入到 DVM 的电压不变。

图 4-20 I-U 转换器实例电路图

3. 电阻-电压转换器

R-U 的转换器电路如图 4-21 所示。图中 I_s 是一个恒流源电流，通过被测电阻 R_x，在 R_x 两端就会产生正比于被测电阻 R_x 的电压，由 DVM 测得这个电压值就可以知道被测电阻 R_x 的大小，即 $R_x = U/I_s$。

图 4-22 所示为多用型 DVM 中采用的电阻-直流电压转换器的一个实例。被测电阻 R_x 接在反馈回路上，标准电阻 R_N 接在输入回路中。U_N 是基准电压，电路图中的输出端 U_o 联接至 DVM 的输入端，由图可知

$$I = \frac{U_N}{R_N}$$

$$U_o = -IR_x = -\frac{U_N}{R_N}R_x$$

电流 I 由 U_N 和 R_N 决定，它在 R_x 上的压降 $|IR_x|$ 即输出电压 U_o，显然 U_o 正比于 R_x。从而实现了 R-U 转换。改变 R_N 即得到不同量程。

图 4-21 R-U 转换器原理框图

图 4-22 R-U 转换器实例电路图

可见，在 DVM 的基础上，利用交流-直流（AC-DC）转换器、电流-电压（I-U）转换器、电阻-电压（R-U）转换器即可把被测电量转换成直流电压信号，再由 DVM 对转换后的信号进行测量。这样就组成了数字式多用表（俗称万用表）。不同的测量功能和量程由开关转换来设定。

4.3.3 DVM 主要性能指标与测量误差

表征 DVM 主要性能指标有：测量范围、分辨率、输入阻抗、抗干扰能力、测量速度及测量误差等。掌握它们的正确含义是正解使用 DVM 的前提。

1. 测量范围

DVM 用量程显示位数以及超量程能力来反映它的测量范围。

(1) 量程　DVM 的量程是以基本量程（即未经衰减和放大的量程）为基础，借助于步进衰减器和输入放大器向两端扩展来实现。

量程转换有手动和自动两种，自动转换借助于内部逻辑控制电路来实现。

(2) 显示位数　DVM 的显示位数是指能显示 $0\sim9$ 十个数码的完整显示位。因此，最大显示为 9 999 和 19 999 的 DVM 都为 4 位 DVM。但为了区分其不同，也常把后者称为 $4\frac{1}{2}$ 位 DVM。如果 DVM 最大显示为 5 999 9，则称为 $4\frac{3}{4}$ 位。

(3) 超量程能力　DVM 是否具有超量程能力，与基本量程有关。

显示位数全是完整位的 DVM，没有超量程能力。带有 1/2 位的 DVM，如按 2V、20V、200V 分档，也没有超量程能力。

带有 1/2 位并以 1V、10V、100V 分档的 DVM，才具有超量程能力。例如，最大显示 19 99 99V 电压的 DVM，在 10V 量程上，允许有 100% 的超量程。

2. 分辨率

DVM 能够显示被测电压的最小变化值，称为分辨率，即最小量程时显示器末位跳一个单位值所需的最小电压变化量。在不同的量程上，具有不同的分辨率。在最小量程上，具有最高分辨率，这里的分辨率应理解为最小量程上的分辨率。

例如，某 DVM，最小量程为 0.5V，最大显示正常数为 5000，末位一个字为 $100\mu V$，即该 DVM 的分辨率为 $100\mu V$。

3. 输入阻抗

由于输入有衰减器，所以输入阻抗不是固定值。小电压测量 R_i 可达 $500M\Omega$，大电压测量 R_i 只有 $10\ M\Omega$。

4. 测量速度

测量速度是在单位时间内以规定的准确度完成的最大测量次数。或者用测量一次所需要的时间（即一个测量周期）来表示。它取决于 A-D 转换器的变换速度。

5. 测量误差

DVM 的固有误差通常用以下两种方式表示：

1) $\Delta U = \pm\alpha\% U_x \pm \beta\% U_m$

2) $\Delta U = \pm\alpha\% U_x \pm n$ 个字

式中　U_x——被测电压读数；

　　　U_m——该量程的满度值；

　$\alpha\% U_x$——读数误差；

　$\beta\% U_m$——表示满度误差，也可以用 $\pm n$ 个字表示，即在该量程上末位跳 n 个单位电压值
　　　　　　恰好等于 $\beta\% U_m$。

例 4.4　某 DVM，基本量程 5V 档的固有误差为 $\pm0.006\% U_x \pm 0.004\% U_m$，求满度误差相当几个字？

解：由已知条件可知，满度误差为 $\pm0.004\% U_m = \pm0.004\% \times 5V = \pm0.000\ 2V$。所以 0.000 2V 恰好是末位两个字。

例 4.5　用一只四位 DVM 的 5V 量程分别测量 5V 和 0.1V 电压，已知该仪表的准确度为 $\pm0.01\% U_x \pm 1$ 个字，求由于仪表的固有误差引起测量误差的大小。

解：（1）测量 5V 电压时的绝对误差　因为该电压表是四位，用 5V 量程时，±1 个字相当于±0.001V，所以绝对误差

$$\Delta U = \pm 0.01\% \times 5V \pm 0.001V（1 个字）$$
$$= \pm 0.000\ 5V \pm 0.001V = \pm 0.001\ 5V$$

示值相对误差为

$$\gamma_u = \frac{\Delta U}{U_x} \times 100\% = \frac{\pm 0.001\ 5}{5} \times 100\% = \pm 0.03\%$$

（2）测量 0.1V 电压时的绝对误差

$$\Delta U = \pm 0.01\% \times 0.1V \pm 0.001V（1 个字）$$
$$= \pm 0.000\ 1V \pm 0.001V \approx \pm 0.001V$$

示值相对误差

$$\gamma_u = \frac{\Delta U}{U_x} \times 100\% = \frac{\pm 0.001}{0.1} \times 100\% = \pm 1\%$$

可见，当没有接近满量程显示时，误差是很大的。为此，当测量小电压时，应当用较小的量程。这一点和使用模拟电压表的要求是一样的。

4.4　电子电压表的使用方法

虽然电子电压表的型号很多，但其基本使用方法相同。下面介绍电子电压表在使用时的基本操作注意事项，从而养成正确的操作习惯。

1. 准备工作

仪器应垂直放置在水平工作台上。在未接通电源的情况下，模拟式电压表应进行机械调零，即调节表头上的机械零位调节旋钮，使表针对准零位。

仪器接通电源，预热 10min（越是精密的仪器预热时间越长），短接两输入接线端。一般在所选的量程上，调节零点调整旋钮进行电气调零，使电表指示为零。使用过程中，当变换量程后还需要重新调零。

2. 选择量程

根据被测信号的大约数值，选择适当的量程。在不知被测电压大约数值的情况下，可先选择较大量程进行试测，待了解被测电压大约数值之后，再确定所选量程。

一般选量程时，模拟式电压表应符合使电表指针偏转角度达满刻度 2/3 左右的要求；DVM 也要使所选量程接近被测电压，以减小测量误差；选择合适的量程，以获得尽可能多的显示位数。

3. 连接电路

在使用模拟电子电压表时，被测电路的电压通过连接线接到电压表的输入接线柱，连接电路时，应先连接上接地接线柱，然后接另一个接线柱。测量完毕拆线时，则应先断开不接地的接线柱，然后断开接地接线柱。以避免在较高灵敏档（mV 档）时，因人体触及输入接线柱而使表头指针打表。

在实际使用中，为避免出现上述打表现象，在使用高灵敏度档级（mV 档）时，习惯上

在接（或拆）测量接线时，先把量程选择开关置于低灵敏度档（V 档），接好连线后，再把量程选择开关置于测量所需的高灵敏度档。

数字万用表内部电压的极性是红笔为"＋"，黑笔为"－"，与普通万用表表笔所带的极性恰好相反，用它判断关通时应予注意。

4. 读数

模拟式电压表要根据量程选择开关的位置，按相对应的电表刻度线读数；DVM 根据显示器的显示直接读数，当电压表显示 19 999 时，表示输入过载，此值不是测量值。

本 章 小 结

电压测量是电子电路测量的一个重要内容。本章介绍了电压测量的主要仪器——电子电压表的原理和使用方法。

1. 电子电路中电压量的特点。了解这些特点对于正解使用电子电压表是有益的。

2. 电子电压表按测量的显示方式可分为两大类：模拟式电子电压表和数字式电子电压表，模拟式电压表以指针偏转指示结果的大小，而 DVM 则是以数字直接显示的。交流电压的基本参数有平均值、峰值和有效值及其它们之间换算的波形系数和波峰系数。

3. 在测量交流电压时，必须对被测交流电压进行交流-直流的转换。

模拟式电子电压表根据检波器的不同，可分为均值电子电压表、峰值电子电压表和有效值电子电压表。放大-检波式检波器，其输出电流与输入电压的平均值成正比，所以组成均值型电压表；检波-放大式检波器，其输出电流与输入电压的峰值成正比，所以组成峰值型电压表；热电偶转换和公式计算组成有效值电压表。用均值表和峰值表测量非正弦波电压会产生波形误差，必要时需要进行换算以提高测量准确度。

直流数字式电子电压表简称 DVM。DVM 根据其所用 A-D 转换器，可分为比较型和积分型两种。比较型 DVM 由逐次逼近式 A-D 转换器为核心构成；积分型 DVM 由双斜积分式 A-D 转换器为核心构成。以测量直流电压的 DVM 为基础，通过各种转换器将交流电压、电流、电阻等量值转换成直流电压，再进行测量，从而组成多用型 DVM。

DVM 的主要性能指标测量误差的表示是反映其测量准确度的基本形式。

4. 正解使用电子电压表。

综 合 实 验

实验一　电压表波形响应的研究

1. 实验目的

（1）学会使用均值型、峰值型电压表的基本操作方法。

（2）学会使用电子电压表测量非正弦信号的电压值，并能根据所学的理论知识，分析波形响应对测量结果的影响。

2. 实验仪器

（1）均值型电压表。

（2）峰值型电压表。

（3）电子示波器。

（4）函数信号发生器等。

3. 实验内容

分别用均值电压表、峰值电压表去测量一个函数信号发生器输出的正弦波、方波、三角波电压，并对电压表的读数进行解释。

4. 实验过程

（1）检查电表表头的机械零点，并开机预热一段时间（15min 左右）。

（2）电压的测量。按图 4-23 所示测试原理接线。分别使函数信号发生器工作于正弦波、方波、三角波工作状态。调节各信号的峰值使其相等（用示波器进行监测），用电压表分别测量。按表 4-2 的要求，进行测量记录。

图 4-23　测试原理框图

表 4-2　波形响应实验记录

电子示波器		型号：	编号：	Y 偏转系数：	V/div
		波形高度：	div	电压峰值：	
电压表选择	响　应	全波均值		峰值	
	型　号				
电压表读数	正弦波				
	方　波				
	三角波				

5. 实验报告要求

（1）列出全部原始测量数据。

（2）根据表 4-2 的测量数据，分别计算出均值电压表、峰值电压表在测量正弦波、方波、三角波电压时的各种电压参数（有效值、平均值及峰值），并与理论计算值进行比较和分析。

（3）写出分析结论。

思考：如果没有函数信号发生器，能否自己连接一个低频的多波形电路？

参考电路如图 4-24 所示。

图 4-24　简易函数信号发生器电路图

实验二　变压器电压比及直流稳压电源纹波系数的测量

1. 实验目的

掌握模拟式电子电压表的基本使用方法及在实际测量中的应用。

2. 实验仪器

(1) 均值型电压表或峰值电压表。

(2) 低频信号发生器。

(3) 小型输入或输出变压器。

(4) 直流稳压电源。

(5) 电阻、电容。

3. 实验过程

(1) 实验准备。检查仪器上表头的机械零点，并开机预热一段时间。

(2) 变压器电压比的测量。按图4-11所示方法进行接线，图中 U_s 即为低频信号发生器，U_1 和 U_2 为电压表的测试位置。

改变若干次低频信号发生器的输出频率，并使其输出电压为 6V，用均值电压表或峰值电压表测出各次的 U_1 和 U_2 值，将测得数据填入表 4-3 中。

表 4-3　变压器电压比的测量

电子电压表 频率值 f	U_1	U_2	$N=\dfrac{U_1}{U_2}$	平均值

(3) 直波稳压电源纹波系数的测量。按图 4-13 所示进行接线，用万用表的直流电压档和电子电压表分别测出 U 和 u 的值，将测量数据填入表 4-4 中。

表 4-4　纹波系数测量

U	u	$\gamma=\dfrac{u}{U}$	平均值

练 习 题

1. 交流电压的参数有哪几种表示方法？它们之间有什么样的关系？

2. 为何要求电子电压表的输入阻抗应足够高？

3. 用全波均值表对图 4-25 所示的三种波形交流电压进行测量，示值为 1V。求各种波形的峰值、均值及有效值分别是多少？并将三种电压的波形画于同一坐标上进行比较。

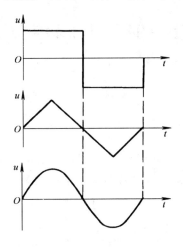

图 4-25　题 3 图

4. 用峰值电压表对图 4-25 所示三种波形电压进行测量，示值为 1V，试分别求出其有效值、平均值、峰值各为多少？并将三种电压波形画于同一坐标上加以比较。

5. 用一台 $5\frac{1}{2}$ 的 DVM 进行电压测量，已知固有误差为 ±0.003% 读数 ±0.002% 满度。选用直流 1V 量程测量一个标称值为 0.5V 的直流电压，显示值为 0.499 876V，问此时的示值相对误差是多少？

6. 用一种 $4\frac{1}{2}$ 位 DVM 的 2V 量程测量 1.2V 电压。已知该仪器的固有误差 $\Delta U = \pm 0.05\%$ 读数 ±0.01% 满度，求由于固有误差产生的测量误差。它的满度误差相当于几个字？

7. 下面的三种 DVM 分别是几位的？

① 9 999　　② 19 999　　③ 5 999

8. 某逐次逼近比较式 DVM 内的基准电压分别为：8V、4V、2V、1V、0.8V、0.4V、0.2V、0.1V、0.08V、0.04V、0.02V、0.01V、0.008V、0.004V、0.002V、0.001V，试说明测量 12.532V 直流电压的过程。

9. 试简述双斜积分式 A-D 转换器的工作原理。

10. 使用模拟式电子电压表时，连接测量线和拆去测量线应按什么样的顺序进行？

11. 模拟万用表和数字式万用表都有红、黑表笔，在使用时需要注意什么？

第5章 时间与频率测量技术

内容提要:

本章掌握频率与周期的基本概念和关系；了解几种测频的方法；掌握电子计数器的基本原理、电子计数器测频和测周期的方法及其测量中的测量误差的处理方法。

5.1 概述

在相等时间间隔重复发生的任何现象，都称为周期现象。频率是描述周期现象的重要物理量，它表征单位时间内周期性过程重复、循环或振动的次数，用相应周期的倒数表示，单位为 Hz（赫兹）。周期为 1s 的周期现象的频率为 1Hz。我们用 f 来表示频率，用 T 来表示周期，则两者之间的关系可以表示成 $f=1/T$，即频率和周期是从不同的侧面来描述周期现象的，二者互为倒数关系，只要测得一个量值就可以换算出另一个量值。

在电子测量中，频率是一个最基本的参数，而且频率的测量精确度是最高的。在测量技术中，常常将一些非电量或其他电参量转换成频率进行测量，以提高测量的精度。

5.2 频段的划分及常用测频方法

随着电子技术的发展，使用的频率范围日益扩展。国际上规定 30kHz 以下为甚低频、超低频段，30kHz 以上每 10 倍频程依次划分为低、中、高、甚高、特高、超高等频段。

在一般电子技术中，把 20Hz～20kHz 范围，称为音频；20Hz～10MHz 为视频；30kHz～几十 GHz 称为射频。但是，这种划分方法也只是一个大致的划分。

在电子测量技术中，常以 30kHz 为界，其以下则称为低频测量，其以上则称为高频测量；还有一种划分方法是，以 100kHz（或 1MHz）为界，其以下则称为低频测量，其以上则称为高频测量。一般，正弦波信号发生器是以后一种方式划分的。

测量频率的方法很多。按频率测量原理一般可分为三大类：

（1）无源测频法 利用电路的频率响应特性来测量频率的方法称为无源测频法。无源测频法又分为谐振法和电桥法两种。

谐振法用 LC 谐振回路，调节电容使其谐振频率与被测信号频率相同时，回路电流最大，通过电表指示其频率值。这种方法多用于高频频段的测量。

电桥法因调节不便，误差较大，现已使用不多了。

（2）有源比较测频法 将被测频率与一个标准有源信号相比较的测量方法称为有源比较测频法。常用的有源比较测频法有拍频法、差频法和示波器测量法。

拍频法、差频法这里不作介绍。

示波器法有两种测频方法，李萨育图形法和测量周期法（这两种方法在第 3 章中已做介绍）。前者当频率比较高时，示波器显示的波形难以稳定，所以该方法适用于低频测量，由于调节不便，已很少使用。用宽频带示波器通过测量周期的方法获得被测信号的频率值，虽然误差较大，但对于要求不太高的场合是比较方便的。

（3）计数法　利用电子计数器测量频率的方法称为计数法。实质上，这种方法仍然属于有源比较测频法。计数法中最常用、最广泛使用的测频方法是电子计数器测频法。

电子计数器测频法是利用电子计数器显示单位时间内通过被测信号的周期个数来实现频率的测量，这是目前最好的测频方法，本章重点介绍使用电子计数器测量频率和周期的方法。

5.3　电子计数器的功能

5.3.1　电子计数器的组成与主要技术指标

1. 电子计数器的基本组成

电子计数器主要由输入电路、计数显示电路、标准时间产生电路和逻辑控制电路组成，如图 5-1 所示。

图 5-1　电子计数器的组成

（1）输入电路　又称为输入通道。其作用是接受被测信号，并对它进行放大和整形，然后送入主门（闸门）。整形常由施密特电路完成。电子计数器的输入电路通常包括 A、B、C 三个独立的单元电路，A 通道用于传输被计数的信号，B、C 通道传输闸门信号。测频时，B、C 通道不用。

（2）计数显示电路　它是一个十进制计数显示电路，用于脉冲计数，并以十进制方式显示计数结果。

（3）标准时间产生电路　标准时间信号由石英振荡器提供，作为电子计数器的内部时间基准。标准时间信号经放大、整形和一系列的十进制分频后，产生用于计数的时标信号（10MHz、1MHz、100kHz、10kHz、1kHz 等），以及控制闸门的时基信号（1ms、10ms、0.1s、1s、10s 等）。因此，这部分电路应具有准确性和多值性。

测频时，时基信号经门控电路形成门控信号。

（4）逻辑控制电路　产生各种控制信号，用于控制电子计数器各单元电路的工作。一般每进行一次测量的工作程序是：测量准备→计数→显示→复零→准备下一次等阶段。控制电路由若干门电路和触发器组成的时序逻辑电路构成。

2. 电子计数器的主要技术指标

（1）测试性能　仪器所具备的测试功能，如测量频率、周期等。

（2）测量范围　仪器在不同功能下的有效测量范围。对于不同的功能，其含义是不同的。如测频时，被测信号的频率范围，一般用频率的上、下限值表示；而在测量周期时，测量范围常用周期的最大、最小值表示。

（3）输入特性　电子计数器一般有 2～3 个输入通道，测试不同参数时，被测信号要经不同的通道输入仪器。输入特性表明电子计数器与被测信号源相联的一组特性参数，需分别指出各个通道的特性。其特性包括：

1）输入耦合方式，有 AC 和 DC 两种，在低频和脉冲信号计数时宜采用 DC 耦合方式。

2）输入灵敏度，指在仪器正常工作时输入的最小电压，如通用电子计数器，A 输入通道的灵敏度一般为 10～100mV。

3）最高输入电压，指仪器所能允许输入的最大电压。超过最高输入电压后仪器不能正常工作，甚至会损坏。

4）输入阻抗，包括输入电阻和输入电容。A 输入通道分为高阻（1MΩ/25pF）和低阻（50Ω）两种。

（4）闸门时间和时标　由机内时标信号源所能提供的时间标准信号决定。根据测频和测周的范围不同，可提供的闸门时间和时标信号有多种。

（5）显示及工作方式

1）显示位数，即可显示的数字位数。

2）显示时间，即两次测量之间显示结果的时间，一般是可调的。

3）显示器件，即标明所用显示器的类型。

4）显示方式，有记忆和非记忆两种显示方式。记忆显示方式只显示最终计数的结果，不显示正在计数的过程；非记忆显示方式，能对计数过程的值逐个显示出来。

5）输出，仪器可输出的时标信号种类、输出数码的编码方式及输出电平。

5.3.2　时基信号产生与变换单元

时基电路主要包括晶体振荡器、分频器、倍频器和时基选择电路（时标选择和闸门时间选择）。如图 5-2 所示，晶体振荡器产生 1MHz 的时间基准信号，经分频、倍频，形成从 10MHz 到 0.1 Hz 以 10 为系列递降的一系列不同频率的机内时间标准信号。

图 5-2　时基电路示意图

5.4　电子计数器的测量原理

电子计数器测量原理如图 5-3 所示。

设 f_x 为待测频率，从 A 端输入，经整形电路变成方波，加到与非的一个输入端。该与

非门起主闸门的作用。在与非门的第
二个输入端加闸门控制信号。控制信
号为低电平时，闸门关闭，无信号进
入计数器。控制信号为高电平时，闸
门开启，整形脉冲进入计数器计数。
控制信号经 1s 后再次为低电平，闸门
开启恰为 1s。1s 内，N 个脉冲进入计
数器，计数器即显示出频率值 f_x
（Hz）（或经计算显示周期值），它的
数值为 N。

图 5-3　电子计数器测量原理

5.4.1　频率的测量

所谓"频率"就是周期性信号在单位时间（1s）内变化的次数，即频率为

$$f = \frac{N}{T} \tag{5-1}$$

式中　T——单位时间；

　　　N——周期性现象的重复次数。

电子计数器测频率时，是把被测频率 f_x 作为计数脉冲，对标准时间 T 进行量化。根据
计数器的计数值可得到两者的比值
N，其原理如图 5-4 所示。

被测信号经放大、整形后，形成
重复频率等于被测信号频率 f_x 的计数
脉冲，把它加至闸门的一个输入端。
门控电路将时基信号变换为控制闸门
的开启的门控信号。只有在闸门开通
时间 T 内，被计数的脉冲才能通过闸
门，并由十进制电子计数器对计数脉

图 5-4　电子计数器测频原理

冲计数，设计数值为 N，则 $N = T/T_x$，即被测信号的频率为

$$f_x = \frac{N}{T} = \frac{N}{K_f T_s} \tag{5-2}$$

式中　K_f——分频器的分频系数；

　　　f_s、T_s——分别为晶振的频率和周期（$f_s = \frac{1}{T_s}$）。

从以上讨论可知，电子计数器的测频原理实质上以比较法为基础，它将 f_x 和时基信号
频率相比，两个频率相比的结果以数字形式显示出来。

由式（5-2）可知，对同一被测信号，如果选择不同的门控时间，即选择不同的分频系
数 K_f，计数值 N 是不同的。为了便于读数，实际仪器中的分频系数 K_f 都采用十进制分频
的办法。当分频系数 K_f 减小后所得计数值 N 也减少，显示器上则将小数点所在位置自动移
位。例如：$f_x = 1\,000\,000\text{Hz}$，门控时间为 1s 时，可得 $N = 1\,000\,000$，若七位显示器的单位

采用 kHz，则显示 1000.000kHz；如果门控时间改为 0.1s，则 $N=100\ 000$，显示 1000.00kHz，7 位显示器的第 1 位（最高位）不显示，只显示 6 位数字，且小数点已右移 1 位。

5.4.2　量化误差

将模拟量转换为数字量（量化）时所产生的误差叫量化误差，也叫 ±1 误差或 ±1 个字误差。它是数字化仪器所特有的误差。电子计数器测量频率或时间，实质上是一个量化过程。量化误差是由于门控信号起始时间与被测脉冲列之间相位关系的随机性而引起的。量化的最小单位是数码的一个字，即量化的结果只能取整数，其尾数或者被抹去，或者凑整为 1，因此计数值也必然是整数，如图 5-5 所示。

图中，①为被计数的脉冲，②、③为宽度 T 相同的门控信号，由于通过主门的时刻不同，计数值相差一个字。例如，$f_x=10Hz$，$T=1s$ 时，±1 误差为 1Hz。即因 ±1 误差引起的测量误差为 $\pm10\%$。而 $T=10s$ 时，±1 误差为

图 5-5　±1 误差的形成

0.1Hz。显然，±1 误差的大小与门控时间 T 有关，T 越大，±1 误差越小。实际上，±1 误差往往是测量误差的主要部分。

5.4.3　周期的测量

当 f_x 较低时，利用计数器直接测频，±1 误差将会大到不可允许的程度。所以，为了提高测量低频时的准确度，可改成先测量周期 T_x，然后计算 $f_x=1/T_x$。电子计数器测量周期的原理，如图 5-6 所示。

图 5-6　测量周期的原理图

被测信号经 B 输入通道整形，使其转换成相应的矩形波，加到门控电路，控制主门的开闭，主门导通的时间就正好等于被测信号的周期。晶振经分频后产生的时标脉冲同时送至主门的另一输入端，在主门开启的时间内对输入的时标脉冲计数，若计数值为 N，则测被测信号周期 T_x（$T_x>T_s$）为

$$T_x = NT_s \tag{5-3}$$

式中　T_s——时标脉冲的周期，它由晶振分频而得到。

例如，当 $T_x=10$ ms 时，则主门打开 10 ms；若选择时标为 $T_s=1\mu s$，则计数器计得的脉冲数 $N=10\ 000$ 个；若以 ms 为单位，则计数器显示器上可读得 10.000（ms）。

从以上讨论可知，计数器测量周期的基本原理恰好与测频相反，即主门由被测信号控制开启，而将时标脉冲作为计数的脉冲。实质上也是比较测量方法。

5.4.4　电子计数器的其他功能

1. 频率比测量

通用电子计数器还可测量两个被测信号频率的比值，如图 5-7 所示。测量时，两个被比较的信号（设 $f_A > f_B$）分别加至 A、B 输入通道。频率较低的信号 f_B 加至 B 输入通道，经放大、整形后用作门控电路的触发信号，频率较高的 f_A 加至 A 输入通道，经整形后变

图 5-7　频率比测量原理图

成重复频率与 f_A 相等的计数脉冲。主门的开通时间为 $T_B = 1/f_B$，在该时间内对频率为 f_A 的信号进行计数，可得

$$N = \frac{T_B}{T_A} = \frac{f_A}{f_B} \tag{5-4}$$

为了提高测量准确度，还可将频率较低的 f_B 信号的周期扩大，即将信号经分频器后再加至门控电路。当主门的开启时间增大后，计数值随之增大，但由于显示器可进行小数点自动移位，显示的比值 N 不变。

2. 累加计数

累加计数是指在限定的时间内，对输入的计数脉冲进行累加。测量原理和测量频率是相同的，不过这时门控电路改为人工控制，其电路原理如图 5-8 所示。待计数脉冲经 A 通道输入，这时计数值就是累加计数。

图 5-8　累加计数的电路原理图

5.5　电子计数器的测量误差

下面我们来分析电子计数器在测量频率、周期时所产生的误差及减小测量误差的方法。

5.5.1　电子计数器测量误差的分类

1. 量化误差

电子计数器在测量频率和周期时，都存在量化误差。测量频率时的量化误差已作分析。测量周期时产生的量化误差的原因与测频的情况相同，即均是由于用于计数的时标脉冲与控制主门的被测周期不同步所引起的。

2. 触发误差

测量周期时，被测信号经放大、整形，转换（由施密特电路把被测信号转换为矩形波或方波）为门控信号。转换过程中存在着各种干扰和噪声的影响，以及利用施密特电路进行转换时，触发电平本身也可能产生抖动，从而引入触发误差。所以触发误差也称转换误差。误差的大小与被测信号的大小和转换电路的信噪比有关。

施密特电路具有上、下两个触发电平，即具有回差特性。被测信号进入通道放大后，加至施密特触发器，如果不存在干扰和噪声，它都会在信号的同一相位点上触发。施密特电路则输出周期与被测周期相同的矩形波，如图 5-9a 所示。

图 5-9　信号叠加干扰后对转换的影响

如果被测信号叠加了干扰，且干扰较大，可能在被测信号的一个周期内使信号电平多次在上、下触发电平 E_1、E_2 之间摆动，从而产生宽度不等的多个脉冲输出，即产生了额外触发，如图 5-9b 所示。很显然，这种情况会产生很大的测量误差。这时的测量值应视为坏值，应予避免。

如果叠加了干扰，但是干扰并不大，则会出现如图 5-9c 所示的情况。在信号的一个周期内，仍然只输出一个脉冲。这时如果仪器是用于测量频率，则因为被测信号的每个周期仅产生一个计数脉冲，对测量是没有影响的。可见，当用计数器测量频率时，为保证测量准确，应尽量提高信噪比，以减弱干扰的影响。调整仪器时应尽量不使信号衰减过大。

若图 5-9c 所示的情况是用于周期测量的，则仍然有影响。因为触发点的信号相位发生了摆动，转换为门控脉冲信号后，其宽度也会发生变化，仍然存在触发误差。对于时间测量而言，若被测信号是脉冲信号，则测量触发误差比测量正弦信号时要小。然而误差的大小取决于输入触发信号的波形和信噪比等因素。当信噪比较高时，触发误差可忽略不计。

3. 标准频率误差

电子计数器在测量时，都是以晶振产生的各种时基和时标信号作为基准的。晶体振荡器不稳定将引起误差。显然，如果标准频率信号不稳定，则会产生测量误差。

通常电子计数器中对晶振都采取了较好的稳频措施，稳定度能达到 1×10^{-7}，数值很小，与量化误差和触发误差相比，要小得多，因此这项误差常常可以忽略不计。

5.5.2　测量频率误差分析

1. 误差的计算

频率测量在正常测量时触发误差可不考虑，因此，频率测量误差可认为是由量化误差和晶振误差两个因素引起的。这两个因素都与计数过程有关。下面我们来分析测量误差的计算方法。

根据式（5-2），并根据误差的合成公式，可求得测频误差 Δf_x 为

$$\frac{\Delta f_x}{f_x} = \frac{\Delta N}{N} - \frac{\Delta T}{T} \tag{5-5}$$

式中　$\Delta N/N$——量化误差，$\Delta N = \pm 1$；

　　　$\Delta T/T$——门控信号宽度不准确所引起的测量误差。

由式（5-5）可见，计数值 N 越大，量化误差的影响越小；门控时间越准，测量误差越小。但计数值 N 的增大应以计数器不溢出为原则。

由于门控信号是由晶振分频得到的，与晶振的频率稳定度直接相关。考虑到门控信号宽度 $T = K_f T_s$，$T_s = 1/f$，则式（5-5）可改写为

$$\frac{\Delta f_x}{f_x} = \frac{\pm 1}{N} - \frac{-\Delta f_s}{f_s} = \frac{\pm 1}{T f_x} \pm \left| \frac{\Delta f_s}{f_s} \right| \tag{5-6}$$

式中　$\Delta f_s/f_s$——标准频率误差，是晶振频率的准确度。

通常，要求标准频率的准确度比量化误差的影响小一个数量级。因此，晶振频率准确度的影响可以忽略，即

$$\frac{\Delta f_x}{f_x} = \pm \frac{1}{T f_x} \tag{5-7}$$

例 5.1　若被测信号频率 $f_x = 1\,\mathrm{MHz}$，计算当闸门时间 $T = 1\,\mathrm{ms}$ 和 1s 时，由 ± 1 误差产生的测频误差。

解：当 $T = 1\,\mathrm{ms}$ 时

$$\frac{\Delta f_x}{f_x} = \pm \frac{1}{T f_x} = \pm \frac{1}{1 \times 10^{-3} \times 1 \times 10^6} = \pm 10^{-3}$$

$$\Delta f_x = \pm \frac{1}{T f_x} f_x = \pm \frac{1}{T} = \pm \frac{1}{1 \times 10^{-3}}\,\mathrm{Hz} = \pm 1\mathrm{kHz}$$

同理，当 $T = 1\mathrm{s}$ 时

$$\frac{\Delta f_x}{f_x} = \pm 10^{-6}$$

$$\Delta f_x = \pm 1\mathrm{Hz}$$

2. 减小误差的方法

由例 5.1 可知，测频时，绝对误差只与量化单位有关，而与被测频率无关。为了减小量化误差，应增加计数时间 T。可通过增加晶振的分频系数 K_f 的方法来增大计数时间 T。但是，测频的相对误差与被测频率的大小有关。T 一定，f_x 越大时，计数值 N 越大，误差就越小。对被测信号频率倍频 m 倍，计数值可增大 m 倍。因此，要提高测频的准确度，应减小量化单位，并增加被测频率值。

对 f_x 倍频 m 倍，对晶振分频 K_f 后，计数值 $N = m K_f T_s f_x$，则式（5-7）可写成

$$\frac{\Delta f_x}{f_x} = \frac{\pm 1}{T f_x} = \pm \frac{1}{m K_f T_s f_x} \tag{5-8}$$

由式（5-8）可见，当门控时间一定，若被测频率 f_x 较高，或采用倍频（m 倍）的方法，则测频误差较小。当 f_x 较小时，由 $\Delta N = \pm 1$ 引起的测频误差会加大。

5.5.3　测量周期的误差分析

由测量误差的分类可知，三类误差都会对周期测量产生影响。但标准频率误差一般可忽略不计。下面分析当不存在触发误差时，计数器本身产生的测量误差。

首先计算量化误差与标准频率误差。

$T_x = NT_s$，结合误差合成公式，可求得测量周期的误差为

$$\frac{\Delta T_x}{T_x} = \frac{\Delta N}{N} + \frac{\Delta T_s}{T_s} \tag{5-9}$$

或

$$\frac{\Delta T_x}{T_x} = \frac{\pm 1}{N} \pm \left| \frac{\Delta f_s}{f_s} \right| = \frac{\pm 1}{T_x f_s} \pm \left| \frac{\Delta f_s}{f_s} \right| \tag{5-10}$$

式中　$\Delta f_s/f_s$——晶振不稳定引起的测量误差；

　　　　$\Delta N/N$——量化误差。当不考虑晶振的影响时，则有

$$\frac{\Delta T_x}{T_x} = \pm \frac{1}{N} = \pm \frac{1}{T_x f_s} = \pm f_x T_s \tag{5-11}$$

由式（5-11）可知，测量周期误差随被测频率的升高而增大，这与测频误差刚好相反。因此，当仅考虑计数器本身的测量误差时，如果 f_x 较低，应采用测量周期法；若 f_x 较高时，则应采用测量频率法。

5.5.4　中界频率的确定

由上述可知，对于同一被测频率，直接利用电子计数器的测频功能和测量周期的功能分别测量时，都存在量化误差，而且，当频率较高时宜用测频功能，当频率较低时宜用测量周期的功能。显然，存在着某一个频率，它使测量频率和测量周期的误差相等，这个频率就是中界频率，记为 f_z。

在不考虑触发误差的条件下，则有

$$\pm \frac{1}{Tf_x} = \pm f_x T_s \tag{5-12}$$

即

$$f_z = \sqrt{\frac{1}{TT_s}} \tag{5-13}$$

若将测频时的闸门时间扩大 n 倍，测量周期时的被测周期扩大 m 倍，则式（5-12）为

$$\pm \frac{1}{nTf_x} = \pm \frac{1}{mT_x f_s} \tag{5-14}$$

即

$$f_z = \sqrt{\frac{m}{nTT_s}} \tag{5-15}$$

因此，中界频率由周期倍率 m、闸门时间 T 及其扩大的倍数 n，以及计数器的最高工作频率决定。显然，由于闸门时间的多值性，计数器有多个中界频率。

5.6　电子计数器的应用

计数器早在 20 世纪 30 年代初期就应用于原子结构的研究中，用来测量微观粒子数目，

所以早期也称作粒子计数器。这种粒子计数器由两部分组成：一部分把接收到的粒子数转换为电脉冲数；另一部分是测量设备，测量探测器输出脉冲数；这就是电子计数器的雏形。

电子计数器可以用来测量脉冲数，那么只要能把其他的物理量转化为电脉冲，就同样可用电子计数器进行测量。例如，可以用光电检测器检出电动机的转速，然后用计数器来测量它。

20 世纪 50 年代以来，电子计数器已从测量粒子数的专用设备演变为应用广泛的通用数字仪器。以电子计数器为基础，加上适当的变换装置，把各种电量及非电量变换为脉冲数，可以做成各种各样的数字仪器，如测量频率、周期、时间间隔、电压、电流、电阻、相位等的数字仪器。

目前，智能计数器、计算计数器等带有微处理器的各种通用计数器已广泛应用于各行各业，它不仅包括通用计数器的测时、测频等基本功能，还可以对测量结果完成一定的运算，并可以通过程序控制组成自动测量系统。还有具有特殊功能的电子计数器，如可逆计数器、预置计数器、程序计数器等，主要应用于工业生产自动化、自动控制和自动测量等领域。

总之，由于电子仪器综合化的发展趋势，电子计数器除测频、测时外的其他辅助功能越来越多。

5.6.1　提高测频性能的方法

在电子技术领域内，频率是一个最基本的参数，电子计数器测频的性能，主要受到 ± 1 误差和测频上限的限制。提高测频率性能的方法很多，这里讨论多周期同步测量法。

多周期同步测量法在计数器内部采取措施，提高测频的分辨率，其原理如图 5-10 所示。

图中取样门控时间 τ 是由计算机控制产生的，在其控制下，同时打开主门 A 和主门 B，使计数器 A、B 工作。实际计数的时间由同步门控决定，它是被测信号周期的整数倍。计数器 A 计得被测信号周期 N_a，计数器 B

图 5-10　多周期同步测量法

计得时标信号周期个数 N_b，经计算机运算，得到被测频率在采样时间内的平均值，在显示器上显示

$$f_x = \frac{N_a}{N_b T_s} \tag{5-16}$$

式中　T_s——时标信号周期。

NFC-1000C-1 型多功能频率计数器就属于此类测量仪器，其直接计数的最高频率是 1500MHz。

5.6.2　NFC-1000C-1 型多功能频率计数器简介

NFC-1000C-1 是一台测频范围为 1Hz～1500MHz 的多功能频率计数器。其主机电路以 AT89C51 单片机芯片为核心，外接部分中小规模的贴片集成电路所组成；具有 A 通道测

频、B 通道测频、A 通道测周期及 A 通道计数四种测试功能，全部测量采用单片机芯片 89C51 进行智能化控制和数据测量处理；采用 8 位 LED 数码管显示，低功耗电路设计；体积小、重量轻、灵敏度高；全频段等精度测量；高稳定性的晶体振荡器保证测量精度和全输入信号的测量。

1. 主要技术指标

NFC-1000C-1 型多功能频率计数器的主要技术指标如表 5-1 所示。

表 5-1　NFC-1000C-1 型多功能频率计数器的主要技术指标

功　能	测频率、测周期、计数、自校
频率测量范围	1Hz~1500MHz
周期测量范围	100ns~1s（A 通道）
灵敏度	1~10Hz 50mVrms；10Hz~100MHz 30mVrms；100~1000MHz 20mVrms；1000~1500MHz 50mVrms
输入阻抗	1MΩ/35pF（A 通道）；50Ω（B 通道）
输入方式	AC 耦合
测量误差	±时基准确度±触发误差×被测频率（或周期）±LSD
闸门时间	0.01s；0.1s；1s 或 Hold（保持）
时基的标准频率	10MHz

注：$LSD = \dfrac{100ns}{闸门时间} \times 被测频率（或被测周期）$。

2. 工作原理

NFC-1000C-1 型多功能频率计数器原理框图如图 5-11 所示。

图 5-11　NFC-1000C-1 型多功能频率计数器原理框图

测量的基本电路主要由 A 通道（100MHz 通道）、B 通道（1500MHz 通道）、系统选择控制门、同步双稳电路以及 E 计数器、T 计数器、MPU 微处理器单元和电源组成。

该多功能频率计数器采用等精度的测量原理进行频率、周期测量。即在预定的测量时间（闸门时间）内对被测信号的 N_x 个整周期信号进行测量，分别由 E 计数器累计在所选闸门内的对应周期个数，同时 T 计数器累计标准时钟的周期个数，然后由微处理器进行数据处理。

A 输入通道电路为测量不同频率信号的需要，包括了×1/×20 衰减电路、低通滤波电路、输入保护电路、高阻抗输入电路和信号放大整形电路等。当输入信号较大时可通过×20 衰减进行测量；低通滤波电路可大大提高测量低频信号的准确度和抗干扰能力。

当输入频率大于 100MHz 时，可选择 B 输入通道进行测量。B 通道采用专用的超高频的放大、分频、集成电路，并经电平转换后送入主机进行测量。其灵敏度高，动态范围大。

晶体振荡电路产生 10MHz 标准时钟信号。

整机电源采用将市电（220V/50Hz）经变压器隔离、降压后经整流滤波，稳压为 5V 供各单元电路使用。

主机电路以 AT89C51 为核心，外接部分中小规模的贴片集成电路所组成。如：主门采用 74HC00 电路，主控同步双稳采用 74HC74，以及 E/T 计数器分别采用 74HC393 所组成。

3. NFC-1000C-1 型多功能频率计数器面板图

NFC-1000C-1 型多功能频率计数器面板图如图 5-12 所示。

图 5-12　NFC-1000C-1 型多功能频率计数器面板图

（1）为电源开关，按下电源按钮开关，仪器进入工作状态，再按一下关闭整机电源。

（2）为功能选择模块，可选择 A 通道测频 "FA"、B 通道测频 "FB"、A 通道测周期 "PERA" 和计数方式 "TOTA" 这几种测量方式。按下所选功能键，仪器发出声响，认可操作有效，相应指示灯亮，以示所选择的测量功能。

"TOTA" 键按下一次开始计数，闸门指示灯亮，此时 A 输入通道输入信号将被计数显示。再按一次 "TOTA" 键则计数停止，显示器显示结果。下次测量时，仪器自动清零。

（3）为闸门时间选择模块，该选择模块提供四种闸门预选（0.01s；0.1s；1s 和 Hold）。闸门时间的选择不同将得到不同的分辨率。

"Hold" 键的操作：按下该键指示灯亮，仪器进入休眠状态，显示窗口保持当前的显示结果。此时，功能选择键、闸门选择键均操作无效。再按下 "Hold" 键，指示灯灭，仪器进入正常工作状态。

（4）为 A 通道输入信号衰减开关，此键按下时输入灵敏度被降低 20 倍。当输入信号幅度大于 300mV 时，应按下衰减开关，降低输入信号幅度，提高测量准确度。

（5）为低通滤波器开关，此键按下，输入信号经低通滤波器后进入测量过程。使用该键可提高低频信号测量的准确性和稳定性，提高抗干扰性能。

当信号频率<100kHz时，应按下低通滤波器进行测量，以提高测量的准确度。

（6）为A通道输入，若被测信号频率为1Hz～100MHz，则接入此通道进行测量。

（7）为B通道输入，若被测信号频率大于100MHz时，则接入此通道进行测量。

（8）为"μs"显示灯，周期测量时自动点亮。

（9）为"kHz"显示灯，频率测量时被测频率小于1MHz时自动点亮。

（10）为"MHz"显示灯，频率测量时被测频率大于或等于1MHz时自动点亮。

（11）为数据显示窗口，测量结果通过此窗口显示。

（12）为溢出指示，显示超出8位时灯亮。

（13）为闸门指示，指示仪器的工作状态，灯亮表示仪器正在测量，灯灭表示测量结束。

4. NFC-1000C-1型多功能频率计数器的使用

（1）开启电源　预热20min以保证晶体振荡器的频率稳定。

（2）选择闸门时间"0.1s"指瞬时频率；"1s"指1s内平均频率；"10s"指10s内平均频率。

（3）滤波器选择键　当被测频率f<100kHz时，可将此键按下；释放时为正常测试。

（4）衰减选择键"×1"指不衰减；"×20"指被测信号衰减20倍。

（5）LED数码显示　8倍LED数码管显示测试结果，小数点自动定位。

5. NFC-1000C-1型多功能频率计数器的主要测试功能

（1）频率测量

1）根据被测信号的频率大致范围选择A通道测频"FA"或B通道测频"FB"测量。

2）"FA"测量输入信号接至A输入通道，将"FA"功能键按下。"FB"测量输入信号接至B输入通道，将"FB"功能键按下。

使用"FA"测量时，注意以下两点。

① 当输入信号幅度大于300mV时，衰减开关置"×20"位置。

② 当输入频率低于100kHz，低通滤波器应置"开"位置。

3）根据测量所需分辨率，选择适当的闸门预选时间（Hold或0.01s、0.1s、1s）。闸门预选时间越长，分辨率越高。

（2）周期测量

1）功能选择模块选择"PERA"，输入信号接入A输入通道。

2）根据输入信号频率高低和输入信号幅度大小，决定低通滤波器和衰减器位置选择，具体操作参考上面频率测量中"FA"测量时的注意①和注意②两条。

3）根据测量所需分辨率，选择适当的闸门预选时间（10ms或0.01s、0.1s、1s）。闸门预选时间越长，分辨率越高。

（3）计数测量

1）功能选择模块中按"TOTA"键一次，输入信号接入A输入通道。

2）根据输入信号频率高低和输入信号幅度大小，决定低通滤波器和衰减器位置选择，具体操作参考上面频率测量中"FA"测量时的注意①和注意②两条。

3）"TOTA"键再按一次，计数控制门关闭，计数停止。

4）当计数值超过10^8-1时，则溢出指示灯亮，显示溢出，而显示的数值为计数器的尾数。

本 章 小 结

在电子技术领域内频率和周期是周期性信号最基本的参数，频率测量的准确度也最高。按信号不同频率值可进行不同频段的划分。

常用的测频方法有：无源测频法，有源测频法和计数测频法。但最常用的是计数测频法。

电子计数器主要技术指标有：测试性能、测量范围、输入特性、输入灵敏度、闸门时间和时标等。

电子计数器具有多种测量功能：测频率、测周期和测频比等。

电子计数器的测量误差有：量化误差、触发误差和标准频率误差。减小误差的方法分别是增大计数值、提高信噪比和选用高稳定度的标准频率。使测频和测量误差相等的那个频率叫中界频率。

应用电子计数器测量时，选用合适的测量功能。采用多周期测量法，可以提高测量的精度。

综 合 实 验

电子计数器的应用

1. 实验目的

熟悉通用计数器面板上各开关旋钮的作用，计数器的基本使用方法。用计数器观测正弦信号。通过使用进一步巩固计数器原理。

2. 实验器材

（1）函数信号发生器两台。

（2）通用频率计数器一台。

3. 实验过程

（1）将低频信号发生器的输出端与计数器输入端相连。

（2）调节信号发生器，使其输出信号频率如表 5-2 所示。使用计数器进行监测，并测出相应的幅度和周期。最后，把测量数据填在表 5-2 中。

表 5-2　测量数据

低频信号发生器的输出		50Hz	100Hz	500Hz	1kHz	5kHz	10kHz	500kHz	800kHz	1MHz
计数器频率测量	闸门时间									
	功能选择									
	读数/kHz									
计数器周期测量	闸门时间									
	功能选择									
	读数/s									

4. 试验报告

（1）实验报告要认真分析测量中的数据及测量中存在的异常现象。

（2）分析产生误差的主要原因及减少误差的方法。

练 习 题

1. 为什么说电子计数器是一切数字式仪器的基础？

2. 用 7 位电子计数器测量 $f_x=5MHz$ 的信号频率。当闸门时间置于 1s、0.1s、0.01s 时，试分别计算由于 $\Delta N=\pm 1$ 误差而引起的测频误差？

3. 某电子计数器晶振频率误差为 1×10^{-9}，若后利用该计数器将 10MHz 晶振校准到 10^{-7}，问闸门时间应选为多少方能满足要求？

4. 用计数器测频率，已知闸门时间和计数值 N 如表 5-3 所示，求各种情况下的 f_x 等于多少？

表 5-3　闸门时间和计数值

T	10s	1s	0.1s	10ms	1ms
N	1 000 000	100 000	10 000	1 000	100
f_x					

5. 用多周期法测周期。已知被测信号重复周期为 $50\mu s$ 时，计数值为 100 000，内部时标信号频率为 1MHz。若采用同一周期倍乘和同一时标信号去测量另一未知信号，已知计数值为 15 000，求未知信号的周期？

6. 欲测量一个标称频率 $f_0=1MHz$ 的石英振荡器，要求测量准确度优于 $\pm 1\times 10^{-6}$，在下列几种方案中哪一种是正确的？为什么？

1）选用 E312 型通用计数器（$\Delta f_s/f_s \leqslant \pm 1\times 10^{-6}$），"闸门时间"置于 1s；

2）选用 E323 型通用计数器（$\Delta f_s/f_s \leqslant \pm 1\times 10^{-7}$），"闸门时间"置于 1s；

3）计数器型号同上，"闸门时间"位于 10s。

7. 利用计数器测频，已知内部晶振频率 $f_s=1MHz$，$\Delta f_s/f_s \leqslant \pm 1\times 10^{-7}$，被测频率 $f_x=100Hz$，若要求"± 1"误差对测频的影响比标准频率误差低一个量级（即为 $\pm 1\times 10^{-6}$），则闸门时间应取多大？若被测频率 $f_x=1MHz$，且闸门时间保持不变，上述要求能否满足？

第 6 章　扫频仪与晶体管特性图示仪和数字集成电路测试仪

内容提要：

　　本章叙述了扫频仪和晶体管特性图示仪的工作原理和基本结构，介绍了常用的扫频仪、晶体管特性图示仪和数字集成电路测试仪的使用方法。对扫频仪的介绍主要包括扫频法的作用、电路的组成和频率标记的产生等；晶体管特性图示仪的介绍主要包括其工作原理、基本结构和使用方法。数字集成电路测试仪的介绍主要包括其基本功能及其应用实例。

6.1　扫频仪概述

　　在各种电路测试中，常常需要对频率特性进行观测。某个网络（或系统）的频率特性一般指幅频特性。示波器只能显示幅度与时间关系的曲线，扫频仪则把调频与扫频技术相结合，显示频率与幅度关系曲线。能对频率特性进行观测的仪器就是扫频仪。

　　扫频仪又称为频率特性测试仪，它是一种在示波管屏幕上直接显示被测放大器幅频特性曲线的图示测量仪器，由扫频信号发生器输出一定频率范围、周期性、等幅、频率连续变化的扫频等幅信号加至被测系统输入端充当输入信号，在输出负载端并接高阻抗幅度检波器，变换为正比于被测系统幅频特性曲线包络形状的电压，将此电压送至显示器的荧光屏显示，可在荧光屏上直观地显示出该系统的幅频特性曲线。

　　扫频仪在雷达技术、调频通信、微波中继通信、电视广播和电子教学等方面均得到广泛的应用。对网络频率特性的调整、检验及动态快速测量都带来了极大的便利。

6.1.1　频率特性测试原理

　　网络频率特性的测试方法主要由点频测量法和扫频测量法两种。

　　1. 点频测量法

　　点频测量法亦称逐点测量法，就是通过逐点测量一系列规定频率点上的网络增益（或衰减）来确定幅频特性曲线的方法。原理如图 6-1 所示。

图 6-1　点频测量法测量幅频特性曲线原理框图

测量时，从被测电路的低频端开始逐点调高信号发生器的频率，记录相应的输入电压 U_i 和输出电压 U_o。然后以频率 f 为横坐标，以 $A_u = U_o/U_i$（或 $20\lg U_o/U_i$）为纵坐标，就可以在直角坐标系上描绘出所测的幅频特性曲线。

显然，这种方法存在很多缺点，操作繁琐，工作量大，易漏测许多细节等，而且，用这种方法测得的是静态频率特性，而实际电路的工作状态往往是动态的。所以，点频测量法在现代电子测量中很少运用。

2. 扫频测量法

采用扫频测量法可以克服点频测量法的一些缺点，它以扫频信号发生器作为信号源，使信号频率在一定范围内按一定规律作周期性的连续变化，从而代替信号频率的手工调节，并且用示波器来代替电子电压表，直接描绘出被测电路的幅频特性曲线。

图 6-2 所示是扫频测量法原理框图。

图 6-2 扫频测量法测量幅频特性曲线原理框图

扫频信号发生器产生的正弦信号，其频率随时间作线性连续变化，但幅度不变，将此信号加在被测电路上，其输出信号的幅度将根据被测电路的幅频特性而变化，所以进入宽带检波器的信号是一个调幅波，此调幅波的包络就是被测电路的幅频特性。把检波器检出的信号包络送入示波器，即可在荧光屏上显示出被测电路的幅频特性曲线。

由此可见，采用扫频测量法可以对网络的频率特性进行自动或半自动观测，提高测量的准确度。其特点是对被测电路不仅可以进行动态观测，而且提高了测量的准确度。

6.1.2 扫频仪常用的基本概念及分类

1. 常用的基本概念

（1）扫频宽度 扫频所覆盖的频率范围内最高频率与最低频率之差。

（2）中心频率 位于显示频谱宽度中心的频率。

（3）频偏 调频波中的瞬时频率与中心频率的差。

（4）调制非线性 指在屏幕显示平面内产生的频率线性误差，表现为扫描信号的频率分布不均匀。

2. 扫频仪的分类

（1）按频率划分 分为低频扫频仪、高频扫频仪和电视高频扫频仪等。

（2）按用途划分 分为通用扫频仪、专用扫频仪、宽带扫频仪和微波综合测试仪等。

6.1.3 扫频仪的组成及原理

扫频仪可以直接显示各种高频和低频放大器、滤波器、鉴频器及各种不同类型电子接收设备的频率特性，也可以作为包括电视机图像中频通道频率特性、高频头频率特性和鉴频器特性等各种频率特性调试指示器。

扫频仪由扫频信号发生器、示波器、频标电路、正弦波发生器、被测电路、检波头以及输出衰减器和稳幅电路等部分组成，其组成框图如图 6-3 所示。

图 6-3　扫频仪的组成框图

1. 正弦波发生器

正弦波发生器产生扫频振荡器所需的调制信号和示波管的扫描信号。

2. 扫频信号发生器

扫频信号发生器实际上是一种调频振荡器，是扫频仪的核心部分。它产生按一定规律变化的扫频信号。在扫频仪中应用的调频方式主要有磁调制，变容二极管、宽带扫频等几种方式。

（1）变容二极管扫频振荡器　变容二极管扫频是利用改变振荡回路中的电容量，来获得扫频的一种方法。它将变容二极管作为振荡器选频电路中电容的一部分，扫频振荡器工作时，将调制信号反向地加到变容二极管上，使二极管的电容随调制信号变化而变化，进而使振荡器的频率也随着变化，达到扫频的目的。改变调制电压的幅度可以改变扫频宽度，即改变扫频振荡器的频偏。改变调制电压的变化速率可以改变扫频速度。

（2）磁调制扫频振荡器　磁调制扫频是利用改变振荡回路中带磁心的电感线圈的电感量，来获得扫频的一种方法。它能获得较大的扫频宽度和较小的寄生调幅，而且电路简单，所以得到了广泛应用。国产的 BT—3 型扫频仪正是利用磁调制扫频原理制成的扫频仪。

一个带磁心的电感线圈，其电感量 L_c 与该磁心的有效导磁系数 μ_c 之间的关系为

$$L_c = \mu_c L$$

式中　L——空心线圈的变量。

当 μ_c 随调制电压的变化而变化时，L_c 也将随之变化。若将一个电感量 L_c 随调制电压的变化而变化的线圈接入振荡回路中，便可使其振荡产生扫频信号。

图 6-4 所示是磁调制扫频的原理图。图中 M 为普通磁性材料，m 为高导磁率、低损耗的高频铁氧体磁心，M 与 m 构成闭合磁路。W_1 为励磁线圈，当其通过调制电流时，将使 M 中的磁通随之变化，磁心 m 的有效导磁系数 μ_c 也发生变化，从

图 6-4　磁调制扫频原理图

而导致磁心线圈的电感量 L_c 变化。W_2 为偏磁线圈，用于在 M 及 m 中建立一个直流通。由于直流磁通与 m 的有效导磁系数 μ_c 有关，因此，调节 RP 可以改变 L_c 的大小，因而可以改变扫频振荡器的中心频率 f_0。

（3）宽带扫频　在测试幅频特性曲线时，往往既要求扫频信号的中心频率在很宽的范围内变化，又要求在任一固定的中心频率附近有足够大的扫频宽度。前两种扫频方法难以同时满足这两个要求，它们的有效扫频宽度总是受到种种限制。一般用差频法来扩展扫频宽度。

3. 频标电路

频率标记简称频标，是用一定形式的标记对扫频测量中所得到的图形的频率值进行定量，即利用频标来确定图形上任意点的频率值。频标有菱形频标和针形频标，菱形频标适用于高频测量，而针形频标则适用于低频测量。

频标信号由专门的频标电路产生，频标电路的原理框图如图 6-5 所示。

图 6-5　频标电路原理框图

晶体振荡器产生的信号经谐波发生器产生一系列的谐波分量，这些基波和谐波分量与扫频信号一起进入频标混频器进行混频。当扫频信号的频率正好等于基波或某次谐波的频率时，混频器产生零差频（零拍）；当两者的频率相近时，混频器输出差频，频值扫频信号随瞬时频偏的变化而变化。差频信号经低通滤波及放大后形成菱形图形，这就是菱形频标，如图 6-6 所示。测量者利用频标可以对图形的频率值进行定量分析。

由频标电路产生的频标信号的形状犹如一个菱形，如图 6-6 所示。故称为"菱形频标"。

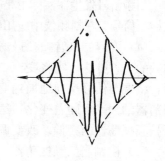

图 6-6　菱形频标

4. 输出衰减器

输出衰减器用于改变扫频信号的输出幅度。在扫频仪中，衰减器通常有两组：一组为粗衰减，一般按每档 10dB 或 20dB 步进衰减；另一组为衰减，按每档 1dB 或 2dB 步进衰减。多数扫频仪的输出衰减量可达 100dB。

5. 稳幅电路

稳幅电路的作用是减少寄生调幅。扫频振荡器在产生扫频信号的过程中，都会不同程度地改变着振荡回路的 Q 值，从而使振荡幅度随调制信号的变化而变化，即产生了寄生调幅。抑制寄生调幅的方法很多，最常用的方法是：从扫频振荡器的输出信号中取出寄生调幅分量并加以放大，再反馈到扫频振荡器去控制振荡管的工作点工作电压，使扫频信号的振幅恒定。

6.2　BT3 型频率特性测试仪

6.2.1　电路组成

BT3 型频率特性测试仪主要由扫频信号发生器、频标电路及显示电路组成。

1. 扫频信号发生器

BT3 型频率特性测试仪中的扫频信号发生器通常采用磁调制扫频，它共有两组扫频振荡器，其中一组为第 Ⅰ 波段用，即由定频振荡器产生可在 290～215MHz 范围内连续可调的等幅振荡，调（扫）频振荡器产生固定在（290±7.5)MHz 的扫频振荡，经混频后产生中心频率为 0～75MHz 的扫频信号。另一组为第 Ⅱ、Ⅲ 波段共用，第 Ⅱ 波段中心频率为 75～150MHz 的扫频信号由调（扫）频振荡器直接产生，第 Ⅲ 波段中心频率为 150～300MHz 的扫频信号可通过倍频器由第 Ⅱ 波段获得。

2. 频标电路

BT3 型扫频仪的屏幕上可以显示多种频标，可度量出特性曲线的频率范围或曲线上某点的频率值。在测试中，如果 1MHz 和 10MHz 的频标不能满足要求，可利用外接频标信号的方法解决。

3. 显示电路

显示电路包括扫描发生器、垂直放大器和示波管等几个部分。水平扫描信号从电源变压器二次的 50Hz 交流电压中提取，提取后将其送往示波管的水平偏转板，同时也送往扫频信号发生器，从而实现扫描信号与扫频信号的同步。

检波探测器检波后的电压经垂直放大器放大，然后送至示波管的垂直偏转板，在屏幕上即可显示被测的频率特性曲线。

6.2.2　使用方法

1. 仪器面板各调节旋钮介绍

BT3 型频率特性测试仪的面板如图 6-7 所示。

（1）"电源、辉度"　电源开关及波形亮度调节旋钮。

（2）"聚焦"　波形清晰度的调节旋钮。

（3）"标尺、亮度"　坐标刻度的亮度调节旋钮。

（4）"鉴频"　置于"+"时，荧光屏上显示正方向的幅频特性；置于"－"时，显示负方向的幅频特性。

（5）"Y 轴位置"　波形作上下移动调节旋钮。

（6）"Y 轴衰减"　分 1、10、100 三档，与"Y 轴增益"旋钮配合使用，对波形幅度进行调节。

（7）"Y 轴增益"　波形幅度的调节旋钮。

（8）"Y 轴输入"　输入从被测电路取出的检测信号。

（9）"频标选择"　分 1MHz、10MHz 和"外接"三档。观测低频信号时，用 1MHz 频标，观测高频信号时，用 10MHz 频标，若均不适用，则可以采用外接频标。

（10）"频标幅度"　频标信号的幅度调节旋钮。

（11）"外接频标输入"　外部频标信号的输入端，与其配合，"频标选择"旋钮须打到"外接"档。

（12）"扫频电压输出"　扫频信号的输出端，可接输出探头。

（13）"波段"　与"中心频率"旋钮配合使用，扫寻被测波形。

（14）"中心频率"　与"波段"旋钮配合使用，扫寻被测波形。

图 6-7　BT3 型频率特性测试仪的面板图

（15）"输出衰减"　输出扫频信号电压的幅度调节旋钮。

（16）"频率偏移"　波形宽度调节旋钮。

2. 使用前各系统的检查和准备工作

（1）查显示系统　顺时针方向转动"电源、辉度"开关，接通电源，使仪器预热 10min 左右。

（2）调节"聚焦"旋钮　直至荧光屏上出现一条清晰且亮度适中的扫描基线。

（3）转动"Y 轴移位"旋钮　使扫描基线能上、下移动出现在荧光屏上。

（4）检查频标，分三个波段进行：

1）Ⅰ波段。把"波段"开关放在"Ⅰ"位置，"频标选择"放在"10MHz"处，"中心频率"度盘转至起始位置，找到零频标，再缓缓旋动"中心频率"度盘；此时，屏幕上所显示的通过中心线的大频标数应多于 7.5 个。通过中心线的大频标所代表的频率分别为 10MHz、20MHz、30MHz…。

2）Ⅱ波段。把"波段"开关置于"Ⅱ"位置，"频标选择"放在"10MHz"处，重复以上 1）的过程；此时，通过中心线的大频标所代表的频率分别为 70MHz、80MHz、90MHz…。

　　3）Ⅲ波段。把"波段"开关放在"Ⅲ"位置，"频标选择"置于"10MHz"处，重复以上 1）的过程，此时，通过中心线的大频标所代表的频率分别为 140MHz、150MHz、160MHz…。

　　（5）检查各波段起始频标　对零频标、"1MHz"和"10MHz"频标分别进行检查和识别。

　　（6）检查扫频信号　将"扫频电压输出"端与"Y 轴输入"端用输出匹配探极和检波探极短接，即可显示出如图6-8所示的矩形图案，再转动"中心频率"度盘，图上的扫频线与频标都相应地跟着移动，且扫频线不产生较大的起伏。各个波段都可以通过上述方法进行检查。

図 6-8　矩形扫频图形

　　（7）检查寄生调幅系数　将"扫频电压输出"端与"Y 轴输入"端用输出探极和检波探极连好，再把"输出衰减"开关置于某一档，然后调节"频标幅度"和"频率偏移"使之产生相应的频率偏移，记下此时的 A、B 值，如图 6-9 所示。则寄生调幅系数为

$$m = \frac{A-B}{A+B} \times 100\%$$

　　（8）检查调频非线性系数　将"频标选择"开关放在"1MHz"处，频偏调到最大，然后分别在各个波段规定的频率上，测出如图 6-10 所示的最低和最高频率与中心频率 f_0 的距离 A、B，则调频非线性系数为

$$r = \frac{A-B}{A+B} \times 100\%$$

图 6-9　寄生调幅系数检查

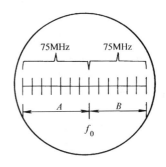

图 6-10　调频非线性系数检查

非线性系数值应小于 20%。

　　（9）零分贝的校正　先将"输出衰减"旋钮置于"0"dB 处，"Y 轴衰减"置于"1"，再把输出匹配探极和输入检波探极连接在一起，然后调节"Y 轴增益"旋钮，使屏幕上的扫描基线和扫频信号线之间的距离为整刻度，如图 6-11 所示。并记下此时"Y 轴增益"旋钮的位置。

　　（10）选择合适的探极和电缆　BT3 型扫频仪有 4 种探极或电缆：输出匹配电缆（亦称匹配头）、外频标探极（亦称开路头）、输入探极（亦称检波头）、输入电缆。探极的符号如图 6-12 所示。

　　扫频仪与被测电路之间必须阻抗匹配，特别是当被测电路的输入阻抗既不是 75Ω，也不

为高阻抗时，为了减小测量误差，应在扫频仪的输出端与被测电路的输入端之间设置一个阻抗匹配器。

图 6-11　零分贝校正　　　　　　　　　　　　　图 6-12　探极符号

3. 扫频仪的应用

（1）电路幅频特性的测量　　电路幅频特性的测量电路图如图 6-13 所示。几种常见电路的幅频特性如图 6-14 所示。

图 6-13　幅频特性的测量电路图　　　　　　图 6-14　几种常见电路的幅频特性

（2）电路参数的测量

1）增益的测量。如图 6-13 所示将经过零分贝校正的 BT3 型扫频仪与被测电路连接好，调节两个"输出衰减"旋钮，使屏幕上显示的幅频特性曲线的幅度恰好为 H，此时，"输出衰减"旋钮所指的分贝数（dB）就是被测电路的增益。

例如，一台经过零分贝校正的 BT3 型扫频仪，调节两"输出衰减"旋钮，使屏幕上显示的曲线高度恰为 H，此时，"输出衰减"旋钮所示值分别为：粗调 60dB，细调 8dB；则被测电路的增益为

$$60dB + 8dB = 68dB$$

2）带宽的测量。利用频标能方便地测量出屏幕上所显示的幅频特性曲线的频带宽度。观测并记录曲线上的频标个数，然后算出带宽。

6.3　晶体管特性图示仪

常见的半导体分立器件有二极管、晶体管、场效应晶体管、晶闸管及光电管等种类。根据所测量参数类型，半导体分立器件测量仪器主要有以下几种：直流参数测量仪器、交流参数测量仪器、极限参数测量仪器、晶体管特性图示仪。其中晶体管特性图示仪是应用最广泛的一种，它能测量各类二极管的正向特性、反向特性，晶体管的输入特性、输出特性、电流放大特性、各种反向饱和电流、各种击穿电压，场效应晶体管的漏极特性、转移特性、夹断电压和跨导等参数。晶体管特性图示仪具有用途广泛、直观性强和读测简便等优点。

6.3.1　晶体管特性图示仪的工作原理

为了了解图示测试法原理，下面先从点测法测试小功率 NPN 型晶体管的共发射极输出特性曲线的测量电路入手来分析，其基本测量电路如图 6-15 所示。

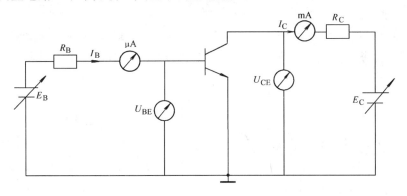

图 6-15　小功率 NPN 晶体管的共发射极输出特性曲线的测量电路图

测试时，首先调节 E_B 使基极电流为 I_{B1}，逐点改变 E_C 可测得一组 U_{CE} 和 I_C 值；再调节 E_B 使基极电流为 I_{B2}，改变 E_C，又可测得一组 U_{CE} 和 I_C 值。重复上述过程，可测得多组 U_{CE} 和 I_C 值，把所有这些值在直角坐标纸上标出，即可绘出图 6-16 所示的输出特性曲线。

显然，这种测试繁琐而且费时，还容易引起晶体管过热而损坏。而晶体管特性图示仪却能自动测试并显示晶体管的输出特性曲线，因为它满足以下条件：

1）有一个能提供每一个测试过程所需的基极电流 I_B。

2）对每一个固定的基极电流，集电极电压会自动改变。

3）能及时取出各组 U_{CE} 和 I_C 值送入显示电路，从而显示出输出特性曲线来。

在晶体管特性图示仪中，所需要的基极电流由基极阶梯信号发生器提供，所需的集电极电压由集电极扫描电压发生器提供，需要

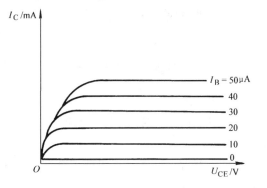

图 6-16　NPN 型晶体管的输出特性曲线

测试的电压、电流值加在示波管的 X 轴和 Y 轴上，由示波管显示出来。

6.3.2 晶体管特性图示仪的组成

晶体管特性图示仪是由集电极扫描电压发生器、基极阶梯信号发生器、同步脉冲发生器、X 轴放大器和 Y 轴放大器、示波管及控制电路、电源电路几部分组成，其基本组成原理如图 6-17 所示。

（1）集电极扫描电压发生器可产生如图 6-18a 所示的集电极扫描电压，它是由 50Hz 的工频交流电经过全波整流得到的 100Hz 的正弦半波电压，幅值可以调节，用于形成水平扫描线。

（2）阶梯信号发生器 可产生

图 6-17 晶体管特性图示仪原理框图

如图 6-18b 所示基极阶梯电压或电流信号，阶梯高度可以调节，用于形成多条曲线簇。

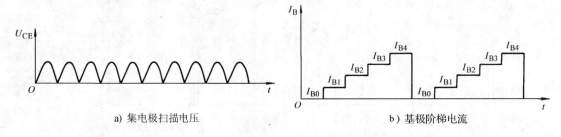

a) 集电极扫描电压 　　　　　b) 基极阶梯电流

图 6-18 集电极扫描电压和基极阶梯电流

（3）同步脉冲发生器 用于生产同步脉冲，使集电极扫描电压和基极阶梯信号达到同步。

（4）X 轴放大器、Y 轴放大器、示波管和控制电路 与通用示波器的电路基本相同。

（5）电源电路 为仪器提供包括低压电源和示波管所需的高频高压电源的各种工作电源。

6.3.3 XJ4810 型晶体管特性图示仪

1. 面板结构

XJ4810 型晶体管特性图示仪的面板结构如图 6-19 和图 6-20 所示，各开关旋钮功能如下。

（1）示波管控制部分 包括"辉度"、"聚焦"和"辅助"等旋钮，它们的使用方法与示波器的相似，其中：

1）"辉度"旋钮用于调节曲线的亮度。

2）"聚焦"旋钮用于调节曲线的清晰度。

3）"辅助"旋钮用于聚焦的辅助调节。

图 6-19　XJ4810 型晶体管特性图示仪的面板结构

（2）集电极扫描电压部分

1）"极性"：用于改变集电极扫描电压的极性，极性的选择取决于被测器件。

2）"峰值电压范围"：用于选择测试所需的集电极最高电压值。

3）"峰值电压"：用于在选择的电压范围内连续调节集电极电压。

4）"电源熔丝"：为 220V 交流输入的熔丝，容量为 1A。

图 6-20　XJ4810 型晶体管特性图示仪的测试台

5）"功耗电阻"：串联在被测晶体管的集电极回路中，用于限制其功耗，亦可作为集电极负载电阻。

6）"电容平衡"：由于集电极电流输出端对地有各种杂散电容存在，会形成电容性电流，造成测量误差。测试前应调节电容平衡，使容性电流减至最小。

7）"辅助"：是对集电极变压器二次绕组对地电容的不对称，而再次进行电容平衡调节。

（3）基极阶梯信号部分

1）"级/簇"调节：用于调节阶梯信号一个周期的级数，在 1～10 内连续可调。

2）"极性"开关：用于确定基极阶梯信号的极性。极性的选择取决于被测器件。

3）"调零"：用于调节阶梯信号的零位。测试前应先进行零位校准。

4）"重复"开关：当置于"重复"（按键弹起）位置时阶梯信号重复出现。作正常测试时，置于"关"的位置，此时阶梯信号处于待触发状态。

5) "串联电阻"开关：用于调节基极串联电阻，当阶梯信号选择开关置于电压/级的位置时，开关才起作用。

6) "阶梯信号选择"开关：它是一个具有 22 档、两种作用的开关，基极电流 17 档，基极源电压 5 档，用于选择基极阶梯信号阶梯的大小。

7) "单簇"按钮：与"重复"开关配合使用，使预先调好的电压（电流）/级出现一次阶梯信号后即回到待触发位置。

（4）X 轴、Y 轴偏转放大部分

1) "X 选择"开关：是 17 档、4 种作用的旋转开关，用于选择不同的水平偏转灵敏度。

2) "X 位移"：用于光迹在水平方向的位移。

3) "Y 选择"开关：是 22 档、4 种作用的旋转开关，用于选择不同的垂直偏转灵敏度。

4) "Y 位移"：用于光迹在垂直方向的位移。

5) "显示开关"：是一个 3 档按键开关，用于显示选择。

"a"转换：使图像在 Ⅰ、Ⅲ 象限内相互转换，便于由 NPN 型管转测 PNP 型管时简化测试操作。

"b"接地：放大器输入接地，表示输入为零的基准点。

"c"校准：按下此键，光点在 X、Y 轴方向移动的距度刚好为 10°，以达到 10°校正目的。

（5）器件测试台部分

1) "左"、"右"选择开关：按下时，分别接通左、右两个被测管。

2) "两簇"选择开关：按下时，左右两个被测管同时被观测。

3) "零电压"按下时，可进行阶梯信号的零位校准。

4) "零电流"按下时，使被测管的基极处于开路状态，可进行 I_{CEO} 的测量。

5) 器件插座：测试时用来插入被测器件，适用于测试中小功率晶体管。

6) 测试接线柱：可配合外接插座使用，其内部接线较粗，适合测试大功率晶体管。

2. XJ4810 型晶体管特性图示仪的使用方法

1) 开启电源，指示灯亮，预热 15min。

2) 调节"辉度"、"聚焦"、"辅助聚焦"旋钮，使屏幕上显示清晰的辉点或线条。

3) 根据被测晶体管的特性和测试条件的要求，把 X 轴部分、Y 轴部分、基极阶梯信号各部分的开关、旋钮都调到相应的位置上。

4) 基极阶梯信号调零。基极阶梯调零是为了保证基极阶梯信号的起始极为地电位（零电位），提高测量准确度。在用共发射电路测量时，NPN 型管阶梯信号为正，PNP 型管阶梯信号为负。

正极性阶梯信号调零时各旋钮位置如下：

"集电极扫描信号极性"和"基极阶梯信号极性"：置于"＋"极性位置。

"X 选择"开关：集电极电压 1V/度。

"Y 选择"开关：基极电流或基极源电压（或基极电压）0.01V/度。

"阶梯信号选择"开关：基极电压 0.01V/极（或其他 V/级档）。

"重复"开关：置于"重复"。

"集电极扫描峰值电压"：调节峰值电压为 5～10V 左右，使屏幕上出现满度扫描线。

完成上述操作后，再将 Y 轴作用的"放大器校正"置"零"，调整"Y 位移"，使扫描线位于零线，即 Y 轴放大器的输入为零时输出也为零。调节 Y 轴作用的"放大器校正"复位，屏幕上由原来的一根基线变为一族阶梯信号，如图 6-21a 和 b 所示，再调节"阶梯调零"，使阶梯信号的最下面一条线与 Y 轴零线重合，图 6-21b 中的虚线表示未调零的阶梯信号。

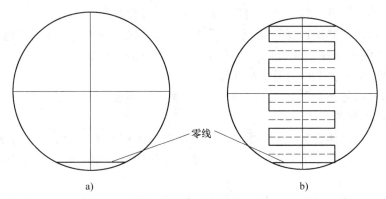

图 6-21　阶梯调零示意图

负极性阶梯信号调零方法与正极性阶梯信号调零的方法相同，只是极性为负，Y 轴零线以最上面一条为标准。

5）测试台。根据电路要求进行接地选择，"测试选择"置于"关"，插上被测器件，再将"测试选择"置于相应位置进行测试。

6）测试。增加峰值电压，显示被测器件曲线。再根据测试需要对 X 轴、Y 轴、阶梯信号以及功耗电阻做适当的调整。

7）测试完毕，关闭电源，将有关旋钮和开关复位。即：

"峰值电压范围"：0～10V；

"峰值电压"：旋至"0"位置；

"功耗电阻"：10kΩ 以上；

"重复"开关：置于"关"的位置；

"mA-V/度"：1mA/度；

"V/度"：1V/度。

以上是测试小功率管时各旋钮的常用位置，为防止再次使用仪器时，因疏忽未检查有关的旋钮便开机而损坏被测器件。

注意：应养成测量前仔细检查各开关、旋钮位置，测试完后复位的良好习惯。

3. 仪器的使用步骤

在使用晶体管特性图示仪前，必须对仪器的使用方法和被测晶体管的规格充分了解。当对被测晶体管参数的极限值不明确时，调整有关旋钮使加到被测晶体管的电压和电流从低量程逐渐增大，直到满足测试条件要求。

1）接通电源，预热 5min 以上。

2）调节示波管及控制部分，即调节"标尺亮度"为橙色标尺；调节"辉度"、"聚焦"和"辅助聚焦"旋钮使亮点清晰。

3）将集电极扫描的"峰值电压范围"、"极性"、"功耗电阻"等旋钮调至测量需要的范围，"峰值电压"旋钮先置于最小位置，测量过程中慢慢增至需要值。

4）"Y 选择"开关与"X 选择"开关中的"mA-V/度"与"V/度"旋钮置于需要读测的位置。

5）将"基极阶梯信号"中的"极性"、"串联电阻"、"阶梯信号选择"等旋钮调至需要读测的范围。"重复"开关置于"重复"，"级/秒"一般放置在"200"位置。

6）将测试台的"测试选择"放至"关"的位置，"接地开关"置于需要位置，插上被测晶体管，旋转"测试选择"开关到要测试的一方，即可进行测量。

4．晶体管特性图示仪的使用注意事项

1）对"阶梯信号选择"、"功耗电阻"、"峰值电压范围"三个旋钮的使用应特别注意，若使用不当会损坏被测晶体管。

2）测试大功率晶体管和极限参数、过载参数时应采用单簇阶梯信号，以防过载损坏。

3）测试 MOS 型场效应晶体管时，应注意不要使栅极悬空，以免感应电压过高引起被测管击穿。

4）测试前，选择与被测管（PNP 型或 NPN 型）相适应的集电极电压和基极阶梯信号极性。如预先不知道被测器件引脚极性，可先用万用表或图示仪测试二极管或晶体管档来判别各引脚的极性。如果对被测器件的参数不了解，测试过程中须从低量程档位逐渐升高，集电极功耗电阻应从大逐渐变小，直至显示特性满足被测管的测试要求或符合所需要的工作条件为止。

5）测试使用完后，立即关闭电源，并使仪器复位，以防下次使用时因疏忽而损坏被测器件。

6.3.4　晶体管特性图示仪使用测试应用实例

使用晶体管特性图示仪可测试各种半导体器件，如二极管、晶体管、场效应晶体管、晶闸管、TTL 集成电路等等，可以判断被测器件质量好坏、器件参数是否满足要求。

1．二极管的测试

二极管的主要特性是单向导电性，使用中常需要测试其正、反向特性，测试原理框图如图 6-22 所示。

图 6-22　二极管正、反向特性曲线的测试原理框图

（1）二极管正向特性曲线的测试　测试前，将 X 轴、Y 轴坐标零点移至左下角。

"峰值电压范围"：0～20V；

"集电极扫描极性"："＋"；

"功耗电阻"：200Ω；

"X 选择"开关：0.1V/度；

"Y 选择"开关：10mA/度；

"重复"开关：置于"关"的位置。

逐渐调高峰值电压，屏幕上显示如图 6-23 所示的正向特性曲线，根据被测管额定正向电流 I_F（设某型号二极管 I_F 为 100mA），读取其对应的 X 轴电压就是二极管正向压降 U_F。

（2）二极管反向特性曲线的测试　测试前，将 X 轴、Y 轴坐标零点移至右上角。

"峰值电压范围"：0～200V；

"集电极扫描极性"："－"；

"功耗电阻"：10kΩ；

"X 选择"开关：20V/度；

"Y 选择"开关：0.01mA/度；

"重复"开关：置于"关"的位置。

逐渐调高峰值电压，屏幕上显示如图 6-24 所示的反向特性曲线，曲线拐弯处所对应的 X 轴电压就是二极管反向击穿电压 BU_R。二极管的反向工作电压约为反向击穿电压值的 1/2。

图 6-23　二极管正向特性曲线

图 6-24　二极管反向特性曲线

2. 晶体管的测试

晶体管特性图示仪主要是测试晶体管的输入和输出特性。晶体管可分为 NPN 型和 PNP 型两大类，两者在测试原理上基本一致，下面以 NPN 型小功率管 3DG7 为例，介绍晶体管相关参数测试。

（1）输入特性及输入电阻的测试　晶体管共射极电路的输入特性曲线的测试原理框图如图 6-25 所示。

输入特性曲线中，X 坐标轴为 U_{BE}，Y 坐标轴为 I_B。将光点移至屏幕的左下角作为坐标原点（零点），然后进行基极阶梯调零。

"峰值电压范围"：0～20V；

"功耗电阻"：1kΩ 左右；

图 6-25　晶体管输入特性曲线的测试原理框图

"X 选择"开关：0.1V/度（基极电压）；

"Y 选择"开关：基极电流或基极源电压；

"级/秒"：200；

"重复"开关：置于"重复"。

逐渐调高峰值电压，屏幕上显示如图 6-26 所示的输入特性曲线（$U_{BE} \sim I_B$ 曲线）。对应于图中 B 点的输入电阻可如此求得：

$$I_B = 0.08\text{mA}, \ U_{BE} = 0.75\text{V}, \ \Delta I_B = 0.04\text{mA}, \ \Delta U_{BE} = 0.02\text{V}, \ 则$$

$$R_i = U_{BE}/I_B = 0.75/0.08 \times 10^3\Omega \approx 9.38\text{k}\Omega$$

$$\Delta R_i = \Delta U_{BE}/\Delta I_B = 0.02/0.04 \times 10^3\Omega \approx 500\Omega$$

图 6-26　输入特性曲线

（2）输出特性和电流放大特性的测试　晶体管共射极电路的输出特性曲线的测试原理框图如图 6-27 所示。

将光点移至屏幕的左下角作为坐标原点（零点），进行基极阶梯信号调零，相关旋钮置于以下位置：

"峰值电压范围"：0～20V；

"功耗电阻"：1kΩ 左右；

图 6-27　晶体管输出特性曲线的测试原理框图

"Y 选择"开关：1mA/度（集电极电流），中功率管或大功率管，测试条件根据所需工作状态选几十或几百 mA /度；

"重复"开关：置于"重复"；

"阶梯信号选择"：0.01mA；

"级/簇"：10。

逐渐调高峰值电压，屏幕上显示图 6-28 所示的一组输出特性曲线（$U_{CE} \sim I_B$ 曲线）。最下面一条是对应 $I_B = 0$。

读出图中 $U_{CE} = 1V$ 时的最上面一条曲线的 I_C 和 I_B 的值，可得

$$h_{EF} = I_C / I_B = 9.81\text{mA} / 10 \times 0.02 = 49$$

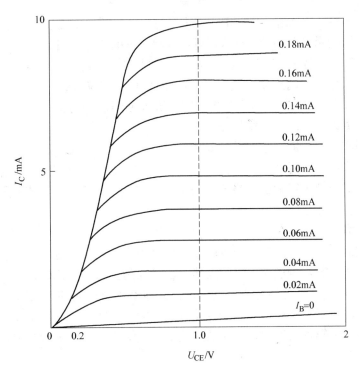

图 6-28　输出特性曲线

6.4 数字集成电路测试仪

数字集成电路测试仪能够测试 54/74、4 000、4 500、14 000、40 000 系列以及 ROM、SRAM、DRAM 等多种类型的数字集成电路芯片。它可以判断芯片是否合格，自动鉴别不知道名称和型号的集成芯片的编号，检查仪器资料库中是否存储该类 IC 芯片资料；快速测试 IC 芯片以及采用反复开闭电源测试 TTL 和 CMOS 电路的稳定性等性能。操作方便、快速、准确、效率高，是教学、科研、生产的得力助手。

6.4.1 ICT-33 数字集成电路测试仪

1. ICT-33 测试仪面板

ICT-33 测试仪面板图如图 6-29 所示。

图 6-29 ICT-33 测试仪面板图

（1）电源指示灯 电源指示灯"POWER"灯亮，表示电源已接通。

（2）"PASS"指示灯 PASS 指示灯亮，表示测试的器件合格。

（3）"FAIL"指示灯 FAIL 指示灯亮，表示测试的器件不合格。

（4）显示屏 显示屏用来显示被测 IC 器件的型号及相应参数。

（5）键盘 "0"～"F"键为数字键，用于输入被测器件的型号、引脚数目及编辑状态时输入地址、数据以及相应的功能操作。

（6）锁紧插座和锁紧插座控制棒 ICT-33 使用进口通用锁紧插座，锁紧插座有松开及锁紧两种状态。当操作杆直立时，为松开状态，可取下或放上被测器件；当操作杆平放时，为锁紧状态，可对器件进行测试。当插座处于锁紧状态时，请勿放上或取下被测器件，否则将损坏锁紧插座。

2. 操作键功能

1）"代换查询"键为功能键。至少输入三位型号数字后，该键才能被仪器接受。

2）"好坏判别/查空"键为复合功能键。若输入的型号为 EPROM 器件型号（即 27 系列），则它使仪器对被测器件进行查空操作；在其他型号时，它使仪器对被测器件进行好坏判别。若第一次按下了数字键，则至少要输入型号的三位数字后，该键才能被接受；若在没有输入器件型号的时候输入该键，则仪器将按前一次输入的器件进行测试，此功能用于测试多只相同型号的器件。

3）"型号判别"键为功能键，在未输入任何数字的前提下输入该键才有效。

4）"编辑/退出"键为功能键，它使仪器进入或退出数据编辑状态。

5）"老化/比较"键为复合功能键，当输入型号为 EPROM、EEPROM 器件时，该键的功能是将被测器件内部的数据与仪器内部的数据进行比较；在其他型号时，该键使仪器对被测器件进行连续老化测试。

3. ICT-33 测试仪的操作步骤

（1）打开电源　接通电源，"POWER"指示灯亮，锁紧插座上不能放有集成块，否则将会损坏该集成块，仪器自检将失效。

（2）仪器自检　接通电源后，仪器自动进入自检过程，以检查仪器的状态是否正常。

（3）锁紧被测器件　把被测器件正确插放在插座上，并扳动操作杆锁紧被测器件。

（4）完成相应操作　根据要完成芯片的测试功能，进行相应操作。

6.4.2　ICT-33 数字集成电路测试仪应用实例

ICT-33 数字集成电路测试仪的应用以 74LS00 测试为例说明该仪器的各种测试功能的使用。

1. 器件好坏判别

1）自检正常后，显示 PLEASE。

2）输入 7400，显示 7400。

3）确认无误后，将被测器件 74LS00放上锁紧插座并锁紧，如图 6-30 所示。

4）按下"好坏判别"键。

① 若显示"PASS"，并伴有高音提示，表示器件逻辑功能完好，黄色 LED 灯点亮。

图 6-30　被测器件的锁紧图

② 若显示"FAIL"，并伴有低音提示，表示器件逻辑功能失效，红色 LED 灯点亮。

注意：大多数器件测试时间极短，但也有部分器件测试时间较长（例如存储器），测试过程中仪器不接受任何命令输入。

2. 器件型号判别

1）将被测器件插放于锁紧插座并锁紧，按"型号判别"键，仪器显示 P，请用户输入被测器件引脚数目，如有 14 只脚，即输入"14"，仪器显示 P14。

2）然后再按"型号判别"键。

① 若被测器件功能完好，并且其型号在仪器存储以内，此时仪器直接显示被测器件的型号，例如，7400。

② 若被测器件已损坏，或其型号不在仪器测试存储以内，仪器将显示 OFF，并伴有低音提示，随后再显示 PLEASE。

注意：

① 进行型号判别时输入的器件引脚数目必须是两位数，若被测器件只有 8 只引脚，则要输入"08"。

② 当被测器件是 EPROM、EEPROM 时，不能进行型号判别。

③ 由于仪器是通过被测器件的逻辑功能来判定其型号，因此当各系列中还有其他逻辑功能与被测器件逻辑功能完全相同的其他型号时，仪器显示出的被测器件型号可能与实际型

号不一致，这取决于该型号在测试软件中的存放顺序。出现这种现象时，说明仪器显示的型号与被测器件具有相同的逻辑功能。

3. 器件代换查询

先输入原器件的型号，如 7400，再按"代换查询"键。

1) 若在各系列中存在可代换的型号，则仪器将依次显示这些型号，例如 7403，以后每按一次"代换查询"键，就换一种型号显示，直至显示 NODEVCE。

2) 若不存在可代换的型号，则直接显示 NODEVCE。

注意： 仪器认为那些逻辑功能一致且引脚排列一致的器件为可互相代换的器件，并未考虑器件的其他参数。

4. 器件老化测试

1) 输入 7400，显示 7400。

2) 将 74LS00 插放于锁紧插座并锁紧，按"老化/比较"键，仪器即对被测器件进行连续老化测试。此时键盘退出工作，若用户想退出老化测试状态，只要松开锁紧插座即可，此时仪器将显示"FAIL"，同时键盘恢复工作。

注意： 对多只相同型号的器件分别进行老化测试时，每换一只器件都要重新输入型号。

在进行好坏判别和老化测试时第一次按下"好坏判别"或"老化/比较"键后，有可能出现下面三种特殊情况：

① 显示器显示 1—2，并伴有长高音提示，表示应将被测器件退后一格插放于锁紧插座，如图 6-31 所示，锁紧后，再次按下"好坏判别"或"老化/比较"键。

② 显示器显示 UCC—数字，并伴有长高音提示，表示应将被测器件退后一格插放于锁紧插座，再用随仪器提供的连接插针将锁紧插座的第 40 脚与被测器件的某一脚连通（该脚即是显示器显示的数字，例如，显示 UCC—5，即表示将锁紧插座的第 40 脚与被测器件的第 5 脚连通）。如图 6-32 所示，锁紧后，再次按下"好坏判别"或"老化/比较"键。

图 6-31　"老化"测试之一

图 6-32　"老化"测试之二

③ 显示器显示 OU—数字，并伴有长高音提示，表示应将被测器件插放到特殊器件测试板（随仪器提供）上进行测试。首先应将特殊器件测试板插放到锁紧插座上，再将被测器件插放到测试板中与显示数字对应的插座上，如图 6-33 所示，放好后再次按下"好坏判别"或"老化/比较"键。

5. ICT—33 测试仪操作注意事项

1) 放置被测器件时，一定要注意其缺口方向和安放位置。

2) 可测系列中，仅 CMOS、光耦、数码管系列可选择 9.0V、15V 测试电压，其他系列只能选择 3.3V、5.0V 进行测试。型号判别时仅可选择 5.0V 测试电压。

3) 当发现输入错误或误操作时，按清除键，显示 00000000，即可重新输入。

4) 当进行型号判别时，被测器件的型号被判别出后，该型号仅供显示用，并未存入仪器内部。若用户对该器件进行好坏判别或老化测试，仍需重新输入一次型号。

5）在输入型号并按下"好坏判别"键后，若显示 O—E—E，并伴有低音提示，说明该器件未列入测试范围。

6）进行键盘操作时，若仪器以高音回答，说明操作有效；若以低音回答，说明是误操作，但任何误操作均不会损坏仪器。

7）输入器件型号时，应省去字母及其他标记，只输入数字，由于各种原因，少部分器件需输入的型号与实际型号将不一致，请参见可测器件清单。

8）当测试一批器件结果均为"FAIL"时，请检查拨动开关是否在"OFF"位置，选择的测试电压是否适当。

图 6-33　"老化"测试之三

9）部分仪器开机时直接显示 PASS、FAIL 或其他数字，需再次开机才能正常工作。仪器关机后，必须等 5s 以上才能再次开机，否则仪器有可能不能复位。

6. 可测器件清单

（1）CMOS40 系列

4000	4001	4002	4006	4007	4008	4009
4010	4011	4012	4013	4014	4015	4016
4017	4018	4019	4020	4021	4022	4023
4024	4025	4026	4027	4028	4029	4030
4031	4032	4033	4034	4035	4038	4039
4040	4041	4042	4043	4044	4045	4047
4048	4049	4050	4051	4052	4053	4054
4055	4056	4060	4061	4063	4066	4067
4068	4069	4070	4071	4072	4073	4075
4076	4077	4078	4081	4082	4083	4085
4086	4089	4093	4094	4095	4096	4097
4098	4099	40100	40101	40102	40103	40104
40105	40106	40107	40108	40109	40110	40147
40160	40161	40162	40163	40164	40174	40175
40176	40192	40193	40194	40195		

（2）CMOSMC140 系列　MC140 系列请输入与 40 系列相对应的型号，如 MC14013 为 4013，MC140195 为 40195，其余以此类推。

4501	4502	4503	4504	4506	4508	4510
4511	4512	4513	4514	4515	4516	4517
4518	4519	4520	4521	4522	4526	4527

4528	4529	4530	4531	4532	4534	4536
4537	4538	4539	4541	4543	4544	4547
4549	4551	4553	4554	4555	4556	4557
4558	4559	4560	4561	4562	4566	4568
4569	4572	4580	4581	4582	4583	4584
4585	4597	4598	4599			

（3）CMOSMC145 系列　MC145 系列请输入与 45 系列相对应的型号，如 MC14513 为 4513，MC145195 为 45195，其余以此类推。

（4）光耦合器系列（括号内的数值是实际输入的型号）

507	5072	5073	617	627	637	521-1
521-2	521-3	521-4	621	622	624	036
3111	817	827	837	847	810	812
818	5112	504	880	885	066	074
829	849	2008	2009	2018	2019	504
614	714	509	519	532	632	503
613	713	508	531	027	034	836
212	830	831	836	026	210	570
111	112	113	114	115	116	117
118	723	5121	270	271	272	273
274	275	276	277	017	075	703
631	535	068	815	835	845	733
618	551	505	515	525	825	725
855	860	865	230	855	860	865
230	231	255	119	571	011	
715	716	890	850	4N45(445)		4N46(446)
4N36(436)		4N37(437)		4N25(425)		4N26(426)
4N27(427)		4N29(429)		4N30(430)		4N31(431)
4N32 (432)		4N33(433)		4N38(438)		4N32(432)
4N33(433)		4N38(438)		4N28(428)		4N35(435)

（5）TTL74/54 系列

74/5400～74/54675

（6）TTL75/55 系列

75/5506	75/55113	75/55121	75/55122	75/55123	75/55124
125	127	128	129	136	138
140	141	142	143	151	153
157	158	159	160	163	172
173	174	175	176	177	178
183	189	270	369	401	402
403	404	411	412	413	414

416	417	418	419	430	431
432	433	434	437	446	447
448	449	450	451	452	453
454	460	461	462	463	464
466	467	468	469	470	471
472	473	474	476	477	478
479	494	497	498		

（7）数码管系列

0.5 吋共阳[001]、共阴[002]；0.3 吋共阳[003]、共阴[004]；0.7 吋共阳[005]、共阴[006]。

（8）常用 RAM 系列

2112	2114	2016	6116	6264	62256	60256	628128

（9）EEPROM 系列

2816	2817	2864	28256	28040	29101

（10）EPROM 系列

2716	2732	2764	27128	27256	27512

（11）微机外围电路系列

8155	8156	8255	8253	8259	8212	8282
8283	8216	8816	8243	8226	8205	8286
8287	6820	6821	6880	6888	6887	6889
6810	6520	8254	8251	8279	8708	6840
8718	8728	Z80CTC(802)				

（12）常用单片机系列

8031	8032	8051	8052	8048	8039	8035	8049	8751	8752

（13）其他系列

2002	2003	2004	3486	3487	3459	2631	2632	2633	1831
1908	339	192	293	393	555	556	324	22100	2802
2803	2804	9637	9638	7831	7832	8831	8832	3446	

MC1413(2003)	MC1416(2004)	MC14160(40160)	DG201	MC14161(40161)
MC14162(40162)	MC14163(40163)			

TIL308	MC14189(75189)		902(324)		8T26(826)		AD7506

本 章 小 结

本章知识点摘要如下：

本章主要介绍了扫频仪和晶体管特性图示仪的组成、工作原理及应用等方面的内容。

1. 扫频仪是一种能直接观测电路幅频特性曲线的仪器，还可以测量被测电路的带宽、品质因素等参数。

2. 扫频仪是由扫频信号发生器和示波器结合的仪器，一般由扫描信号源、扫频信号源、频标电路和示波器等部分构成，扫频仪与示波器的区别在于扫频仪屏幕的横坐标为频率轴，纵坐标为电平值，而且在显示图形上叠加有频率标记。

　　3. 频率标记简称频标，用于频率标度，分为菱形频标和针形频标两种，分别适用于高频和低频测量。

　　4. 晶体管特性图示仪是一种利用图示法来测量各种半导体器件参数和显示元器件特性曲线的多功能仪器，具有直观、方便、用途广泛等特点。

　　5. 晶体管特性图示仪一般由阶梯波发生器、集电极扫描电路、测试变换电路、示波管等部分构成。

　　6. 使用晶体管特性图示仪时，应特别注意被测器件的测试条件或工作条件。

　　7. 熟悉常见晶体管的测试过程及其测量结果的处理。

　　8. 数字集成电路测试仪是能对多种 IC 芯片进行测试的仪器，使用它可以实现对器件型号、器件的老化、器件的替代、器件的好坏的判别等功能操作，是电子产品生产、维护维修、科研中常用的电子测量设备。

　　9. 熟悉数字集成电路测试仪对各种芯片的测试应用。

综 合 实 验

实验一　BT3 型扫频仪的使用练习

1. 实验目的

熟悉 BT3 型扫频仪面板上各开关旋钮的作用，掌握扫频仪的使用方法。

2. 实验器材

BT3 型扫频仪及附件。

3. 实验步骤

（1）显示系统的检查。

（2）扫频信号的检查。

（3）频标的检查。

（4）寄生调幅系数的检查。

（5）非线性系数的检查。

（6）零分贝校正。

4. 实验要求

（1）写出各步骤的操作过程。

（2）记录各操作步骤中屏幕上显示的图像。

实验二　用 BT3 型扫频仪测试高频头

1. 实验目的

掌握用扫频仪测量幅频持性曲线。

2. 实验器材

BT3 型扫频仪、高频头、直流稳压源、75Ω 电阻。

3. 实验步骤

（1）按照要求调节 BT3 型扫频仪，对各系统进行检查。

（2）连接好测量电路。

4. 实验要求

（1）写出各操作步骤，画出连线图。

（2）记录高频头总曲线。

实验三　二极管的测量

1. 实验目的

掌握晶体管特性图示仪测量二极管的方法。

2. 实验器材

晶体管特性图示仪、各类二极管若干。

3. 实验步骤

（1）按要求调试晶体管特性图示仪。

（2）把二极管正向插入测试台，观测显示屏上波形，并把测量过程和结果填入表 6-1。

表 6-1　二极管的测量

测试要求	正向特性	反向特性
接线图		
操作步骤		
波形图		
测量结果	$U_F=$	$BU_R=$

4. 实验要求

（1）写出测量二极管正向特性和反向特性测试的操作步骤，并画出接线图。

（2）记录二极管正向特性和反向特性的波形图。

（3）记录正向导能电压 U_F、反向击穿电压 BU_R 值。

实验四　晶体管的测量

1. 实验目的

掌握晶体管特性图示仪测量晶体管的方法。

2. 实验器材

晶体管特性图示仪、各类晶体管若干。

3. 实验步骤

(1) 按要求调试晶体管特性图示仪。

(2) 阶梯调零（正极性调零，负极性调零）。

(3) 把晶体管插入测试台。

4. 实验要求

(1) 写出实验各操作步骤，并画出接线图。

(2) 记录晶体管的输入和输出特性曲线。

(3) 根据波形分析晶体管的输入电阻、电流放大倍数。

实验五　数字集成电路测试仪的应用

1. 实验目的

掌握数字集成电路测试仪测试 IC 芯片的方法。

2. 实验器材

数字集成电路测试仪、各类 IC 芯片。

3. 实验步骤

(1) 按要求调试数字集成电路测试仪，使其处于正常测试状态。

(2) 把 IC 芯片正确插入测试台并锁紧。

(3) 测试 IC 芯片的型号、老化情况、器件替代查询、器件好坏判别，并填入表 6-2。

表 6-2　各类 IC 芯片的测试表

器件名称	型　号	替代芯片	器件好坏判别	是否老化

4. 实验要求

(1) 写出实验各操作步骤。

(2) 记录 IC 芯片的相关测试信息。

练 习 题

1. 简述点频测量法的基本原理。

2. 简述扫频测量法的基本原理。

3. 简述点频测量法和扫频测量法的主要区别。

4. 简述磁调制扫频的基本原理。

5. BT3 型频率特性测试仪扫频使用前要做哪些准备工作？

6. 一台经过零分贝校正的 BT3 型扫频仪，调节两“输出衰减”旋钮，使屏幕上显示的曲线高度恰为 5

格；此时，"输出衰减"旋钮所示值分别为：粗调 30dB，细调 7dB；则被测电路的增益为多少？

7. 简述晶体管特性图示仪的组成和工作原理。

8. 使用晶体管特性图示仪应注意哪些问题？

9. 如何用晶体管特性图示仪显示二极管正、反特性曲线？

10. 如何用晶体管特性图示仪显示晶体管输入、输出特性曲线？

11. 数字集成电路测试仪自检的目的是什么？

12. 数字集成电路测试仪的主要功能是什么？

第7章　数据域测量技术

~~~~~~

内容提要：

阅读本章可以了解数据域测量的基本概念、内容、特点；掌握逻辑分析仪的原理及基本使用方法。

~~~~~~

7.1　概述

测试模拟电路和系统用传统的模拟测量方法是行之有效的，然而，对于复杂的数字系统则未必可行，甚至会完全无效果。因此，在测试技术中出现了一个新的领域，即所谓数据域测量。

逻辑分析仪是数据域测量的最典型、最有用的测试仪器。

7.1.1　数字系统的特点与数据域测试

与模拟系统及其测试系统相比较，数字系统及其测试具有如下特点。

（1）数字信号是时序传递的　数字系统具有一定的逻辑功能，系统中的信号是有序的信息流。它们之间具有严格的时序关系，这个时序关系是由控制器来保证的。许多信号仅发生一次；有些信号虽然重复，但数字信号往往是非周期的。因此，数据域测试应能分析各种信号的时序和逻辑关系，并能捕获单次信号和非周期信号。

（2）数字信号是多通道传输的　数字信号经常在总线中传输。一个字符、一个数据、一条指令或地址，由多位（bit）组成。因此，数据域测试仪器应具有多个输入通道。目前，有的测试仪器具有 540 个输入通道。

（3）信息传递的方式多种多样　数字信号是脉冲信号，信息用高低电平及其组合来表达，其传递方式可以是并行（Byte）的，也可以是串行（bit）的。可以是同步传输，有时是异步传输。由于总线是复用的，因此，数据域测试时，应能进行电平判别，确定信号在电路中的建立时间和保持时间，并注意设备的结构、数据的格式和数据的选择，应能够从大量的数据流中捕获有分析意义的数据。

（4）数字信号的变化范围很大　例如，高速运行的主机和低速运行的外部设备。因此，数据域测试仪器应能采集不同速度的数据。

（5）数字系统的故障判别与模拟系统不同　模拟系统的故障主要是根据电路中某些节点的电压和波形来判别。在数字系统中，故障的判别则往往是依据信号间的时序和逻辑关系是否正常来确定。造成数字系统出错的数据常混在一串正确的数据流中，有时发现故障时产生故障的原因早已过去。因此，在检测与判别故障时，既要研究出错后的那些信息状态，又要捕获出错前的那些信息状态。

数字系统的测试包括静态测试和动态测试，其目的在于两个方面，一个是判别系统中是否存在故障，即故障的诊断，另一个是确定故障在系统中的位置，即故障的定位。

数字系统往往是带有微型计算机的系统，因此，数据域仪器应能分析控制信号之间的时间关系，分析软件故障和硬件故障。毛刺是持续时间明显小于时钟周期的尖脉冲。来自系统内部和外部的干扰、毛刺常引起硬件出错，这就要求仪器能捕获干扰和毛刺，并把它们显示出来。控制信号出错将影响程序的执行，即使是在数字系统的调试时，也需要数据域仪器的运用，才能得到其系统的工作正常与否的信息。

通常认为数据域测试是研究"用数据流、数据格式、设备结构和用状态空间概念表征的数字系统的特征"的过程。

7.1.2　数字系统的静态测试

（1）万用表　它是经常使用的静态测试仪表之一。也可以用来测量微机系统中各种模拟量的大小，例如，D-A 变换器的输出、A-D 变换器的输入等。数字电压表也可以看作一种静态测试仪器。

（2）逻辑笔和逻辑夹　利用它们，可以很容易地测试数字电路的状态。逻辑笔中有几个用于指示状态的发光二极管。逻辑笔结构简单，使用方便，它可以很容易地测出电路某一点的状态是高电平，低电平，还是脉冲。逻辑夹可测得多路信号电平。

（3）逻辑脉冲发生器　逻辑脉冲发生器的外形与逻辑笔相似，它能够产生不同宽度、幅度及频率的脉冲信号。逻辑脉冲可以很方便地注入数字电路的输入端。再利用逻辑笔测试该数字电路的输出，可以大致确定该电路工作是否正常。逻辑笔、逻辑夹和逻辑脉冲发生器等逻辑电路测试仪可用于判别集成电路芯片的好坏。

此外，示波器是数字系统调试及维修中最基本的测试仪器。一般，普通的示波器都可以用于测试幅度、测试脉冲的各种参数，并可以比较两个输入信号的波形、相位、幅度及其相互关系。测试数字系统的动态特性时，应选用多通道的示波器，而且，通常要用到特征分析仪和逻辑分析仪等数据域测试仪器。

7.1.3　逻辑分析仪的特点

逻辑分析仪（Loyic Analyzer，缩写 LA）出现于 1973 年。由于它具有许多独特的优点，在数字电路，尤其是在微型计算机系统的研制、开发、调试、维修及生产过程中，得到了极其广泛的使用，成为系统开发者不可缺少的开发工具。因此，逻辑分析仪本身也得到了极其迅速的发展。

逻辑分析仪，又叫逻辑示波器，是以单通道或多通道实时获取与触发事件相关的逻辑信号，并显示触发事件前后所获取的信号，供软件及硬件分析的一种仪器。目前，逻辑分析仪都具备下面两种方式显示所捕获的信号。

第一种是将捕获的信号，以二进制（或十六制、ASCII 码等）的状态显示在 CRT 上，供操作人员观察分析。具备此种功能的叫做逻辑状态分析仪（LSA），侧重于软件分析。

第二种是将捕获的信号以时间波形的形式显示在 CRT 上，操作人员可以观察和分析这些时间波形的相互关系。具备此种功能的叫做逻辑定时分析仪（LTA），主要用于硬件分析。

早期的逻辑分析仪只具备上述两种功能之一。现在的逻辑分析仪则已将这两种功能集于一身，成为更强有力的软硬件分析工具。

与示波器相比较，逻辑分析仪主要有如下特点。

（1）检测方法和范围　利用时钟脉冲进行采样；显示范围等于时钟脉冲周期乘以存储容量；可以显示触发前后的逻辑状态。示波器则只能显示触发后扫描时间设定范围内的波形。

（2）输入通道　容易实现多通道（8、16 个或更多）。

（3）触发方式　数字方式触发；根据多通道逻辑组合进行触发，容易实现与系统动作同步触发；可以用随机的窄脉冲进行触发；可以进行多级按顺序触发。

（4）显示方法　数据存入存储器后，低速读出进行显示；把输入信号变换成逻辑电平后加以显示；能用与被分析系统同样的方法处理和显示数据。

（5）比较功能　逻辑分析仪一般有两套存储器：参考存储器和跟踪存储器。前者用于存放系统正常工作的数据；后者用于存放系统实际工作时跟踪测试所得的数据。在测试的过程中，两套存储器的内容可以根据设置的条件进行比较，可以方便地找出系统故障的原因和位置。

7.2　逻辑分析仪

7.2.1　逻辑分析仪的工作原理

1. 逻辑分析仪的组成

逻辑分析仪的基本结构框图如图 7-1 所示。由图示可见，逻辑分析仪主要由数据捕获和数据显示两部分组成。

图 7-1　逻辑分析仪的基本结构框图

"数据捕获部分"用来捕获并存储要观察的数据。其中"数据输入"部分将各通道的输入变换成相应的数据流；而"触发产生"部分则根据数据捕获方式，在数据流中搜索特定的数据字，当搜索到特定的数据字时，就产生触发信号去控制数据存储器开始存储有效数据或停止存储数据，以便将数据流进行分块（数据窗口）。

"数据显示部分"则将存储在存储器里的有效数据以多种显示方式显示出来，以便对捕获的数据进行分析。

整个系统的运行，都是在外时钟（同步）或内时钟（异步）的作用下实现的。

从上述逻辑分析仪的组成可以看出，逻辑分析仪的工作同样也是由数据捕获和数据显示两个工作周期完成的。下面分别介绍数据捕获和数据显示的工作原理。

2. 逻辑分析仪的数据捕获

"数据捕获部分"的作用是在测试的数据流中开个窗口，把有分析意义的数据存入逻辑分析仪的存储器中。捕获部分由输入探头、触发产生和数据存储三部分组成。

（1）输入探头 它分为数据探头和时钟探头两种方式，其电路原理大体相同，图 7-2a、b 所示是数据探头的示意图，它是高速、高输入阻抗的有源探头。数据探头由完全相同的多个通道组成。输入的数据信号通过比较电路与门限电平比较，若输入信号大于门限电平，则输出为逻辑 1。为检测不同逻辑电平的数字系统，如 ECL（射极耦合逻辑门电路）、TTL（晶体管-晶体管逻辑门电路）、CMOS（金属氧化物门电路）等，门限电平一般在－10～10V 范围内可调。例如，对 TTL 电路的门限电平应为 1.4V 左右。

a）数据探头的简化电路　　b）数据探头示意　　c）时钟作用沿选择

图 7-2　输入探头示意图

时钟探头接到被测系统的时钟端上，它把这个时钟送入逻辑分析仪作为取样时钟。对于不同的数字系统，需要选择不同的时钟沿来同步。逻辑分析仪应保持与被测系统一致，在同一时钟沿上采样。因此，要求时钟探头能选择有效时钟沿。时钟探头与数据探头的区别仅在于输入的时钟经变换后，根据需要可产生上升沿和下降沿的时钟输出，如图 7-2c 所示。

（2）数据的捕获方式 基本的数据捕获方式有两种：取样模式和锁定模式。

1）取样模式。它在取样时钟到来时，对探头中的比较器输出逻辑电平进行判断；若比较电路输出高电平，取样电路就将"1"送存储器，若比较电路输出为零，则将"0"送存储器，至下一个取样脉冲到来时为止。图 7-3 所示是取样方式原理波形图，显然，取样输出与比较器输出不同，是在时钟跳变沿上捕获数据。取样输出只有高、低两种电平，且不能反映原输入信号的幅度。因此，逻辑分析仪将捕获的数据以波形显示时，这个波形是非实时的，叫伪波形。

图 7-3　取样方式原理波形图

2）锁定模式。逻辑定时分析仪有一种锁定工作方式，专用于检测出现在两个取样脉冲之间的毛刺。在这种方式下，锁定电路把一个很窄的毛刺展宽，一般可捕捉到 2ns、250mV 的窄脉冲，并且用一个与采样周期相对应的宽度来显示这个毛刺。锁定电路主要由锁定方式锁存器和控制电路组成，图7-4所示是锁定方式检测毛刺的工作原理。

图 7-4　锁定方式检测毛刺的工作原理

数据锁存器在采样时钟同步下仅能锁存输入数据，而对采样时钟之间的毛刺不予理睬。锁定方式锁存器不仅锁存数据，而且对时钟脉冲之间的其他跳变也能响应，即同时锁存毛刺。把两种锁存器输出进行比较，不同的部分就是毛刺。

锁定方式的优点是线路简单。但它不能检测在信号跳变沿上出现的毛刺，也不能分辨连续出现的毛刺。较先进的定时仪还有另一种检测毛刺的工作方式，它采用双向跳变电路检出毛刺。在毛刺方式下，毛刺与数据分别存入各自的存储器。在显示时，再把它们相加在一起，这样毛刺将显示为一加亮线。

3. 逻辑分析仪的触发

逻辑分析仪设置触发的目的在于从数据流中选择有分析意义的数据块，以便在被分析的数据流中开一个观察窗口（Window），这个观察窗口中的全部数据叫跟踪（Trace）。所谓跟踪也就是由逻辑分析仪采集，并在 CRT 上显示出来的一组数据，而触发则用于决定跟踪在数据流中的位置。

数据块的分界点，一般选用数据流中的某一窗口数据字去实现。一旦所选定的数据字在某一时刻出现，立即产生一个脉冲作为触发标志，以启动或结束跟踪。

（1）触发方式　逻辑分析仪的触发方式很多，最基本的有始端触发、终端触发以及与这二者相配合的延迟触发。

1）始端触发。是触发字作为存储、显示时的第一个数据的触发方式。触发字后面的数据将继续存储，直至存储器存满为止。

2）终端触发。在触发以前，逻辑分析仪以先进先出（FIFO）方式存储它所采集的数据。终端触发时，一旦出现触发字，则结束存储，即触发字是跟踪的最后一个数据。因此，这种方式所捕获的是触发以前的数据流，图7-5所示分别是始端触发与终端触发的情况。

a）始端触发　　　　　　　　　　　　b）终端触发

图 7-5　始端触发与终端触发

3）延迟触发。是通过数字延迟电路（可予置计数器）实现的，并与始端触发和终端触发配合工作。即触发产生时，并不立即跟踪，而是经过一定的延迟才跟踪。这种触发方式可以用来分析触发前后的情况，因此，延迟触发对于发现和排除故障具有很重要的意义。图7-6 示出了延迟对窗口的影响。

a)始端触发延迟　　　　　　　　　　　　　b)终端触发延迟

图 7-6　延迟触发

（2）触发识别　实际上，识别器（即触发产生电路）是多位并行的数字比较器。对于触发字，识别器将输入的数据字与预先设置的触发字进行比较，二者符合即产生触发。对于事件触发，则通过对符合的次数进行计数，达到预定的计数值，产生触发。图7-7 所示是一个四通道触发识别的实例。

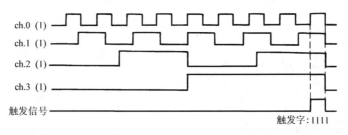

图 7-7　触发识别

（3）触发限定　一般来说，符合条件的触发字在数据流中较为频繁。为了有选择地捕获数据，当触发字符合或符合一定的数量，还同时要满足一些附加条件，才能触发。这些附加条件也叫限定条件。

（4）序列触发　由多个触发字按预定的次序排列，只有当被观测的数据流按同样的顺序先后满足所有触发条件时，逻辑分析仪（LA）才能触发跟踪。它有连续序列触发、间断序列触发和条件序列触发几种方式。

（5）交互触发　交互触发是指逻辑分析仪内状态分析通道与定时分析通道之间进行相互触发或导引。"导引"是触发有效的前提条件。例如，HP1615A 型逻辑分析仪有 4 种交互触发，即 16 位状态导引 8 位定时、16 位状态触发 8 位定时、8 位定时导引 16 位状态和 8 位定时触发 16 位状态。

（6）毛刺触发　利用在指定通道上检测出的毛刺作为触发条件去触发定时分析仪，实现跟踪。有时与全部通道的触发条件组合进行触发跟踪。这是观测毛刺的一种方法。

4. 数据的存储

在逻辑分析仪测试中，对有意义的数据进行存储，以便显示和分析。

逻辑分析仪按"先进先出"（FIFO）方式存储。通常将数据存入随机存储器（RAM）中，因而，数据是按写地址计数器规定的地址向 RAM 中存入数据。每当写时钟到来时，计数值＋1，并循环计数。每一个时钟到来时，取样部分每捕获一个新的数据，存储器也存入一个新的数据。存满数据后继续写入数据时，首先存入的数据因新的数据的存入而被冲掉。

　　在逻辑分析仪中，为了有效利用其存储单元，设置了选择性存储功能。例如，利用时钟限定来选择有分析意义的数据存入 RAM 中，而对不符合限定条件的数据流则不存入。

　　为了保证数据可靠地存入 RAM 中，逻辑状态分析仪（LSA）必须保证一定的数据建立时间和保持时间。这是因为数据存储是在时钟跳变沿实现的，系统内各数字信号的跳变时间不一致，而且存储器输入端寄生电容等因素也会影响数据的存储。

　　数据建立时间和数据保持时间的概念如下所述，其状态如图 7-8 所示。

图 7-8　数据的建立时间和保持时间

　　数据建立时间 t_{set}，即在时钟跳变之前，数据必须提前建立的最小时间，t_{set} 一般为若干纳秒（ns）。

　　数据保持时间 t_{hold}，即在时钟跳变之后，数据必须继续保持的最小时间，t_{hold} 一般在 $0\sim10\text{ns}$。

　　t_{set} 和 t_{hold} 之和决定了能够检测到的数据的最小间隔，即决定了最高取样速率。

图 7-9　从存储到显示地址的变化

　　5. 数据的显示

　　逻辑分析仪把捕获的有效数据存入存储器之后，就转入显示周期。图 7-9所示给出了这时存储器地址的变化情况。这一部分的作用是将已存入 RAM 中的数据，以有利于观察分析的格式显示在 CRT 上。逻辑分析仪显示方式多种多样，但最基本的显示方式有两种：一种是用于硬件分析的定时图显示方式，另一种是用于软件分析的状态表显示方式。

　　（1）定时图显示　定时图显示用于逻辑定时分析仪。它把被测信号显示成一个时间关系图，并以逻辑电平把每个通道已存入的数据显示在 CRT 上。高电平表示 1，低电平表示 0，它是在定时仪内时钟取样点上的逻辑电平，因此，定时图显示的波形是伪波形。这种方式可以将存储器的全部数据按通道顺序显示出来，也可以改变通道顺序显示，便于进行比较和分析。图 7-10a所示是定时图显示的例子。

　　（2）状态表显示　状态表显示用于逻辑状态分析仪。这种方式是用字符等形式组成各种的表格来显示存入的数据。显示时可使用二进制、八进制、十进制、十六进制等数制。图 7-10b 所示是一种

a) 定时图显示

b) 状态表显示

图 7-10　逻辑分析仪的显示

简单的二进制状态表显示的例子。

用状态表显示时，可同时使用多种形式。例如，监测一个接口总线时，可用二进制显示控制信号，分别用八进制、十进制和十六进制来显示数据、计数值和地址。这样，有利于数据的解释与分析。

有的逻辑分析仪具有反汇编的显示，即以助记符形式显示总线上的数据，这种显示结果可以直接与程序表进行比较，便于软件的诊断。

现代逻辑分析仪的特点是通道多，并有高速定时分析通道，往往将逻辑状态分析仪和逻辑时间分析仪两种功能集为一体；具有多级序列触发等多种触发功能，多种显示方式和多种接口；能进行定时分析、状态分析以及定时分析和状态分析交互运用。在两种不同形式的分析通道之间互相进行触发，同时分析定时和状态的模式称为交互分析。在结构上，现代逻辑分析仪采用微机控制，构成智能逻辑分析仪。带有 GPIB 标准接口的逻辑分析仪，与计算机及其他程控仪器一起，可构成自动测试系统。逻辑分析仪卡或附加一个逻辑分析仪控制箱，在其上带有触发字设置开关，探头插座等，它们与微型计算机系统一起构成逻辑分析仪。这种逻辑分析仪可以利用微型计算机系统的内存、键盘和 CRT 显示器，可以捕获并记录所需要的信息，并且在微型计算机的 CRT 上显示出来，供使用者分析。

7.2.2　逻辑分析仪的应用

逻辑分析仪的用途是多方面的，它适合于所有数字设备和系统的调试和故障诊断。逻辑分析仪主要用于测试数字集成电路功能，微型计算机系统的状态，以及数字系统的调试与维修。使用逻辑分析仪测试数字系统之前，应了解其应用特点。

1. 逻辑分析仪的应用特点

（1）时钟与限定　逻辑定时分析仪采用内时钟取样时，分辨力等于取样时钟周期，且都有选择采样时钟频率的相应功能开关或功能键。定时仪多用于监视控制信号。通常要求定时仪的取样时钟频率等于被测系统时钟频率的 5～10 倍。

逻辑定时分析仪适合于分析数字设备或系统内信号之间的时间关系。当需要同步跟踪被测系统来观察信号间的逻辑关系时，应选用外时钟。当需要异步跟踪来分析信号间的时间关系时，应选用内时钟。

逻辑状态分析仪是同步分析仪，采用外时钟取样，在所选取时钟的跳变沿上，被监测的信号应处于有效状态，而且状态分析仪可以对外部时钟加以限定，以决定哪些时钟有效。

逻辑状态分析仪中数据的建立时间和保持时间决定了它的最高采样速率。定时仪由于与被测系统异步而无需考虑这一点。因此，定时仪的采样速度很高。

（2）电平与触发　在进行数据测试前，应检查探极的门限电平，必要时应予调整，以适应被测系统的逻辑电平。一般，逻辑分析仪通过预置触发字来选择有意义的数据，通常将故障字和欲检查的字作为触发字，并利用分析仪的延迟计数功能捕获欲监测的数据流。

触发限定也有利于数据的捕获。例如，观测 GPIB（一种通用总线）中数据总线上的消息时，若观测接口消息，则应选 ATN＝1 作为限定条件；若观测器件消息时，则应将 ATN＝0 作为限定条件。需要捕获毛刺时，则应选用锁定方式和毛刺方式取样。

2. 逻辑定时分析仪的应用

逻辑定时分析仪的特点是使用内时钟进行异步采样。当分析数字设备或系统内信号之间的时间关系时，逻辑定时分析仪十分有效。利用这种功能可以显示输出与输入波形的延迟关系，将数据同时输入不同的通道，可测出各通道波形中任意点间的时间间隔。由于逻辑分析仪每组探头可以自由选择门限电平，故可以测出同一波形中不同电平点之间的时间间隔。

在一个同步数字系统中，毛刺是普遍存在的，并且一般不会引起什么问题。但是，如果毛刺出现在控制信号或时钟信号上，或者出现在微型处理器必须异步响应的输入口上，则将引起严重的问题。利用示波器很难捕捉到毛刺，而逻辑定时分析仪则很容易捕捉到毛刺并分析它对电路功能的影响。

3. 逻辑状态分析仪的应用

（1）测试 A-D 转换器的功能　在控制系统中，通常将来自传感器的模拟信号通过 A-D 转换成数字量，再送入计算机进行处理。这里可能有几个测试问题，即 A-D 转换是否正确，其输出数据输入计算机后是否有误，存入 RAM 的存储顺序是否正确等。按照图 7-11a 所示的线路连接，利用逻辑分析仪（LA）的映射图显示功能，可以迅速地得出这类问题的答案。

图 7-11　A-D 转换器功能的测试

映射图显示是将逻辑分析仪的 16 位输入数据低 8 位经 D-A 转换后驱动 X 轴偏转，而用其高 8 位经 D-A 转换后驱动 Y 轴偏转。这里，低 8 位是 RAM 的地址，它表示存入 RAM 的数据顺序。因此，CRT 的 X 轴显示表示与时间有关的数据顺序，而高 8 位是 RAM 的输出数据，Y 轴表示了 RAM 的数据值。这样，CRT 上将显示一条以时间为自变量，以 RAM 数据值（相当于 A-D 转换前的模拟信号幅度值）为因变量的曲线，该曲线应与 A-D 转换前的模拟信号相一致。图 7-11b 所示是一个正弦信号经 A-D 转换后，在逻辑分析仪的 CRT 上显示的映射图形。对于诸如 A-D 功能的检查，也可以使用 LSA 的其他显示方式，这里主要是通过 LA 灵活多样的显示来说明它的实际用途。

（2）测试 ROM 的特性　大多数逻辑分析仪具有若干逻辑功能："与"、"或"及"异或"等功能，并分别表示为 A·B、A+B、A⊕B。例如，利用其"异或"功能，将两组探头分别接至标准电路和待比较的电路，可以快速比较数字集成电路的功能。

图 7-12 所示给出了用逻辑分析仪测试 ROM 特性的接线示意图。利用它可以测试固化在 ROM 中的程序或数据，并在 CRT 上显示它的真值表，便于进行软件分析。也可以用于测试 ROM 的最高工作速度和使用寿命。例如，测试 ROM 的最高工作速度时，用地址发生器产生被测试 ROM 的地址，用逻辑状态分析仪（LA）监视 ROM 的输出数据，用频率计测量地址发生器的时钟频率。测试过程如下。

首先，使地址发生器在低速下工作，其输出地址供 ROM 使用。逻辑状态分析仪把采集到的 ROM 输出数据作为正确数据，通过 A→B 键，将它们存入参考存储器内。然后逐渐提高 ROM 的工作速度，使用逻辑状态分析仪的异或比较功能（按下 A⊕B 键）对每次获取的新数据与标准数据进行比较，当发现两者的内容不一致时，频率计所测得的时钟频率就是 ROM 的最高工作频率。

4. 用逻辑分析仪组建数字自动测试采统

图 7-13 所示是一个用于数字系统的自动测试系统。它由一台具有 GPIB 总线控制功能的计算机、一台逻辑图形发生器（LG）和一台逻辑分析仪（LA）以及相应的测试软件组成。应用不同的测试程序，该系统可以完成中小规模数字集成电路芯片的功能测试，某些大规模数字集成电路逻辑功能的测试、程序自动跟踪、在线仿真以及数字系统自动分析等。逻辑图形发生器（LG）是可编程的多位（bit）图形发生器，可在程序的控制下通过专门

图 7-12　ROM 特性的测试

图 7-13　数字系统的自动测试系统

的硬件进行算术或逻辑运算，产生测试系统所需的激励信号。应用这样一种系统需要使用者了解被测系统的软、硬件特性，并据此编制相应的测试程序。

7.3　RV02100L 逻辑分析仪介绍

7.3.1　面板结构

1. 主机前面板介绍

RV02100L 主机前面板如图 7-14 所示。

图 7-14　RV02100L 主机前面板

2. 主机后面板介绍

RV02100L 主机后面板如图 7-15 所示。在主机的后面板上分别有与计算机连接的接口 3，通过连接电缆端口 1、2 分别与主机接口 3 和打印机端口（Parallel Port）连接。

3. 逻辑分析仪面板（计算机屏幕显示）

逻辑分析仪面板控制逻辑分析仪的启动、触发电平的设置、逻辑分析仪设置对话框的启动。

1）逻辑分析仪开关（如图 7-16 所示）。点击此面板图标激活逻辑分析仪进行有关的设置及测试后，再点"关闭"按钮。

图 7-15　RV02100L 主机后面板

1、2—主机与计算机主机连接的电缆端口

3—主机和计算机的接口　4—电源插口

图 7-16　计算机屏幕
显示的逻辑分析仪面板

2）为适应各类数字电路不同的逻辑电平阈值，逻辑分析仪的触发电平可在 －1.6～ ＋3.4V 之间调节。各种常见数字电路推荐阈值如下。

TTL 为 ＋14V；CMOS（＋5V 供电）为 ＋2.5V；CMOS（＋3V 供电）为 ＋1.5V；ECL 为 －1.3V。

7.3.2　技术性能

1. 特点

① 100MS/s 实时采样（MS/s 为兆采样次数/秒，其取连续变量的离散值）。

② 16＋2 通道，存储深度为 32k/Channel。

③ 16＋2 通道同时显示，垂直、水平任意缩放。

④ 可任意定义、任意修改的总线方式。

⑤ 总线数据直接显示，二、八、十六、十进制均可选择。

⑥ 多种触发方式。

⑦ 外时钟输入端口。

⑧ 鼠标任意拖放、指定区域放大。

⑨ 同示波器共同进行模拟与数字信号混合分析。

2. 技术指标

① 输入灵敏度：40mV。

② 最高输入电压：40V（DC＋ACPeak）。

③ 输入阻抗：＞100kΩ。

④ 水平分辨率：1kS/s～100MS/s。

⑤ 时基精度：2X10—6。

⑥ 触发模式：Auto，Normal，Single。

⑦ 组合逻辑：可自定义。

⑧ 触发源：channel A，channel B，EXT TRIG。

⑨ 逻辑分析仪门限电平调节范围：—1.6～＋3.4V。

⑩ ZOOM：对应光标选定波形部分作放大或缩小显示，放大倍数最高 16 倍，2 倍步进；缩小倍数最高 64 倍，2 倍步进。

⑪ 存储深度：32k/Channel。

7.3.3　测量方法

1. 使用环境

PC486、80MHz 以上兼容产品，建议使用 Pentium166 以上等级；PC 内存容量 16MB 以上；硬盘可使用空间 50MB 以上；CDROM（安装程序用）；显示规格 640×480VGA 以上，建议使用 800×600VGA 或 1024×768VGA 的显示规格；使用 101 键盘，建议使用 Windows95 键盘；二键或三键鼠标；EPP Printer Port 传输界面；打印机（非必需）；Windows95/98 操作系统。

2. 使用方法

（1）硬件的安装与设置

1）电源。电压为 100～275V，频率为 47～63Hz。

2）硬件的安装步骤。首先关闭 PC 电源，按面板说明连接与计算机的电缆，然后开启 PC。在进入操作系统之前按键盘"DEL"键，启动 CMOS 设置；设置打印机接口（Printer Port）为 EPP 方式（版本 1.7 或 1.9）；连接主机电源电缆；连接示波器探头。

（2）软件的安装与设置

1）安装步骤。将随产品附带的软件安装光盘置入计算机光盘驱动器内，运行 setup. exe，按照程序提示完成安装过程。

安装光盘含有 readme 文件、本说明书的 Adobe Acrodat 版本 manual. pdf 文件，以及其公司的网站首页等。

2）简要功能测试。首先开启计算机和主机；将探头连接至 A1 通道与被测信号之间；启动测探软件；用鼠标单击"AUTO"键；按照操作说明进行相应测试。建议在正式使用之前先运行自动校准程序，方法是选取菜单栏中 Ptions-Preferences-AUTO Calibration-RUN 选项。

3）菜单栏

① File 项：其中 Open 为"打开波形信息文件"；Save 为"存储当前波形信息至文件"；Page Setup 为"打印页面设置"；Print 为"打印波形图像和参数"；Exit 为"退出系统"。

② Trigger 项：其中 Run 为"开始采样"；Stop 为"停止采样"；Analyzer 为"逻辑分析仪触发设置"选项。

③ View 项：其中 Status Bar 为"启动/关闭状态栏"；FFT 为"启动/关闭频谱分析仪窗口"；X-YPlot 为"启动/关闭李萨育图形窗口"。

④ Options 项：其中 Preference 为"测试平台主要参数"；Parallel Port Setting 为"并口设置"，默认设置为 378；Analog 为"模拟通道参数设置"，双击波形显示区域激活显示区域；Digital 为"逻辑分析仪参数设置"，双击逻辑分析仪激活此窗口可设置和定义逻辑分析每一通道，编辑它们的前后顺序，确定读取总线数据的数字进制，软件退出时自动保存这些设置，以备调用；Bus Source 用于定义总线逻辑分析仪物理通道资源；Bus Element 用于从其中选出的物理通道在此排列顺序后推入目标区；Source 用于定义单独数字信号线的物理通道资源；Bus View 用于选择总线数据的显示进制，Dec 为十进制，Bin 为二进制，Oct 为八进制，Hex 为十六进制；Target 为定义后的目标逻辑通道；点击"Detail"键可了解已定义的总路线包括哪些物理通道；Rename 用于重新给已定义的逻辑通道命名；Vaiue Carsor 用于启动/关闭逻辑分析仪测量标尺，并定义其颜色，该标尺是逻辑分析仪显示区域内的一条垂直线，用于测量某一时刻各个通道的逻辑值。

⑤ Help 项：其中（Conientis）为"帮助总目录"；Search for Help 为"帮助索引"；About 为"版本信息"；Logical Analyzerview Setting 为"逻辑分析仪测试设置"；Level Adjusting 为"水平调整"，用于调整采样频率和采样深度，设置适当的采样频率，结合 ZOOM 功能，可方便地观察信号波形概况和细节，其水平分辨随采样的变化而变化；Sample Rate Setting 用于"采样频率的设定"，通过下拉复选框选择采样频率，采样频率的档位分别为：100MHz、50MHz、20MHz、10MHz、5MHz、2MHz、1MHz、500kHz、200kHz、100kHz、50kHz、20kHz、10kHz、5kHz、2kHz 和 1kHz，共 16 档，采样频率的设定，亦可通过鼠标点击"＋"、"－"按钮来完成；Sample Depth Setting 为"采样深度调节"按钮，采样深度分为 1kHz、32kHz 两档，可根据需要选择，若需要快速显示时，则选 1kHz 档，若需要二次采集大量数据时，则选 32kHz 档。

（3）触发调整　用于设置触发源、触发模式以及触发电平等和触发相关的参数。

1）触发源选择。通过下拉复选框或"＋"、"－"按钮选择触发源分为 A1（通道 A1）、A2（通道 A2）、EXT（外部触发）和 LA（逻辑分析仪）四种。

2）逻辑分析仪触发设置。点击"Seting"按钮出现对话框，用其可定义逻辑分析仪的触发条件，即在通道左侧方框内选中该通道，右侧选择触发条件为 0 或 1。例如，欲使通道 CH0-0，CH1-1，CH7-0 时触发，则按如下方法设置，即将该通道选中，右侧触发条件则选中 0。

（4）逻辑分析仪显示效果　逻辑显示区域内有一条纵向的虚线，可自由拖动，用来测量某一时刻到各个数字通道（或总线）的逻辑值，结果显示在左侧数值栏内。

3. 注意事项

1）注意安装调试顺序。

2）在使用前应先使用自动校准。

3）使用时要先阅读说明书，若有问题说明，则根据说明检查各个部件是否连接完好。

4）注意键盘、各接口、按钮等易损件的使用。

本 章 小 结

数据域测试能分析各种信号的时序和逻辑关系，并能捕获单次信号和非周期信号。逻辑分析仪（LA）主要由数据捕获和数据显示两部分组成。整个系统的运行，都是在外时钟（同步）或内时钟（异步）的作用下实现的。逻辑状态分析仪（LSA）主要用于软件分析。逻辑定时分析仪（LTA）主要用于硬件分析。

本章以 RV02100L 型逻辑分析仪为例介绍了逻辑分析仪的面板、工作原理及其使用方法。

综 合 实 验

逻辑分析仪的使用

1. 实验目的

熟悉逻辑分析仪的基本使用方法。学习用逻辑分析仪观测时序波形图。

2. 实验器材

1）RV02100L 逻辑分析仪一台。

2）MCS6502 离线数字芯片一片，Intel8085 离线数字芯片一片，8212 离线数字芯片一片。

3）三输入与非门离线数字芯片一片，导线若干。

3. 实验过程

1）正确连接逻辑分析仪与被测芯片。

2）正确连接电源线。

3）运用 RV02100L 逻辑分析仪检测 MCS6502（离线数字芯片）时序图，并记录、分析波形的正确性。

4）运用 RV02100L 逻辑分析仪检测 Intel8085（离线数字芯片）时序图，并记录、分析波形的正确性。8085 离线数字芯片与逻辑分析仪的接口电路如图 7-17 所示。

图 7-17　8085 离线数字芯片
与逻辑分析仪的接口电路

4. 试验报告

1）实验报告要认真记录时序图，力求正确。

2）分析波形的正确性。

练 习 题

1. 数字系统的特点有哪些？

2. 如何使用 RV02100L 逻辑分析仪？

3. RV02100L 逻辑分析仪对使用环境有什么要求？

4. 使用逻辑分析仪进行实验实训的具体操作时，要注意哪些问题？

5. 试分析逻辑分析仪的工作原理。

6. 试说明逻辑分析仪的显示原理。

7. 逻辑分析仪是如何采集数据的？

第8章　计算机仿真测量技术

〰〰〰〰〰〰〰〰〰〰〰〰〰〰〰〰〰〰〰〰〰〰〰〰〰〰〰〰〰〰〰

内容提要:

本章介绍虚拟"电子工作台"Multisim 的工作界面、仿真电路的绘制方法、虚拟电子仪器的使用方法。

〰〰〰〰〰〰〰〰〰〰〰〰〰〰〰〰〰〰〰〰〰〰〰〰〰〰〰〰〰〰〰

8.1　概述

随着计算机技术的发展,应用计算机仿真技术进行电子技术课程的辅助教学与实验已成为许多学校的基本要求。计算机仿真软件的应用将实验台"搬到"了计算机屏幕上,通过鼠标或键盘调用元器件、选择测量仪器和连接电路,电路的各种参数易于调整,并可直接显示或打印输出实验结果,与传统的电子技术实验相比较,具有快速、安全、省材等特点,大大提高了工作效率。

Multisim 虚拟"电子工作台"是由美国 National Instruments 公司推出的一款非常优秀的专门用于电子电路设计与仿真的软件,与其他电路仿真软件相比,具有界面直观、操作方便等优点,而且除一般电子电路的虚拟仿真外,在 LabVIEW 虚拟采样、单片机仿真等方面都有更多的创新和提高。创建电路、选用元器件和测试仪器等均可直接从屏幕上器件库和仪器库中直接选取。所用测试仪器的操作面板和操作方法与实验室内实际仪器相差无几,使电子工作者操作起来得心应手。

Multisim 还是一个非常优秀的电工电子技术实验训练工具,因为电子技术类课程是实践性很强的课程,将 Multisim 作为该类课程的辅助教学和实训手段,它不仅可以弥补经费不足带来的实验仪器、元器件缺乏,而且排除了原材料损耗和仪器损坏等因素,可以帮助学生更快更好地掌握课堂讲授的内容,加深对概念和原理的理解,弥补课堂理论教学的不足。通过仿真,可以熟悉常用电子仪器的使用方法和测量方法,进一步培养学生综合分析问题的能力、排除故障的能力和开发创新的能力。拥有一台安装了 Multisim 仿真软件的计算机,你就相当于拥有了一个测试仪器先进、元器件品种齐全的小型"电子实验室"。

8.2　Multisim10.0 的工作界面

8.2.1　Multisim10.0 的主窗口

启动 Multisim10.0 后,可以看到 Multisim 的主窗口,如图 8-1 所示,Multisim 模仿了一个实际的电子工作台。

图 8-1　Multisim10.0 的主窗口

主窗口中最大的区域是电路工作区，可以进行电路创建和测试。工作区的上方分别是菜单栏和常用的工具栏。从菜单栏中可以选择电路连接和实验所需的各种命令。常用的工具栏包含了各类的操作命令按钮，如标准工具栏、元件工具栏、仪器工具栏及仿真工具栏等，用户可以自行选择显示常用的工具栏。标准工具栏包含了常用操作命令按钮，元件及仪器栏包含了电路实验所需的各种模拟和数字元器件以及测试仪器。通过操作鼠标即可方便地使用各种命令和实验设备。按下"启动/停止"开关或"暂停/恢复"按钮，即可进行电路仿真。

8.2.2　Multisim 的汉化

将英文版的 Multisim 汉化，可以更方便用户学习和使用。其安装过程如下：

1）将下载的汉化包"ZH"文件夹放到指定目录下：\ Program Files \ National Instruments \ Circuit Design Suite 10.0 \ stringfiles。

2）再运行 Multisim，选择菜单 Options \ Gobal Preferences，在 General 选项卡中的 languange 栏选择"ZH"，即中文。

汉化后的主窗口界面如图 8-2 所示。

8.2.3　Multisim 的常用工具栏

1. Multisim 的标准工具栏包含"新建"、"打开文件"、"打开设计范例"、"保存"、"打印"、"打印预览"、"剪切"、"复制"、"粘贴"、"撤销"、"重做"等常用编辑按钮。

2. Multisim 的元器件栏和仪器栏

Multisim 提供了丰富的元器件库及各种常用测试仪器，给电路仿真实验带来极大方便。单击某一个图标即可打开该库。

图 8-3、图 8-4 分别给出各元器件库、仪器库的图标，当鼠标指到相应库图标时，即显示该

库名称。关于这些元器件、仪器的功能和使用方法，用户可使用在线帮助功能查阅有关内容。

图 8-2　汉化后的主窗口

图 8-3　Multisim 的元器件库栏

各元器件库所包含元器件简单介绍如下：

（1）信号源库　有各种各样的交直流电源，如接地、电池、直流电流源、交流电压源、交流电流源、电压源等。

（2）基本元器件库　有电阻器、电容器、电感器、变压器、继电器、开关等。

（3）二极管库　有二极管、稳压二极管、发光二极管、全波桥式整流器等。

（4）晶体管库　有 NPN 晶体管、PNP 晶体管、达林顿管、场效应晶体管等。

（5）模拟器件库　有运算放大器、比较器、宽带运放等。

（6）TTL 器件库　有 74 系列 TTL 数字集成逻辑器件。

（7）CMOS 器件库　有 74HC 系列和 4×××系列等 CMOS 数字集成逻辑器件。

（8）其他数字元器件库　有 TIL 按照功能存放的数字元件、FPGA 现场可编程门电路、PLD 可编程逻辑器件、CPLD 复杂可编程逻辑器件、VHDL 编程器件等。

（9）混合器件库　有定时器、模数-数模转换器、模拟开关等。

（10）指示器件库　有电压表、电流表、探测器、蜂鸣器、白炽灯、七段显示数码管、条形光柱等。

（11）电源模块库　有熔断器、三端稳压器、PWM 控制器等。

（12）其他器件库　有晶振、开关电源升/减压转换器、有损传输线、无损传输线、滤波器、网络等。

（13）外围设备库　有数字键盘、LCD 显示器、终端等。

（14）射频元器件库　有射频电容器、射频电感器、射频 NPN/PNP 晶体管、射频 MOS 场效应晶体管、传输线等。

（15）机电器件库　有感测开关、瞬间开关、联动开关、定时接触器、线圈与继电器、线性变压器、保护装置、输出设备等。

（16）微处理器库　有 805X 系列、PIC、ROM、RAM 等。

图 8-4　Multisim 的仪器库栏

此外还有层次块和总线的放置按钮。

仪器库包含 18 台虚拟仪器、4 台 LabVIEW 测试仪器和 2 种探针，具体说明见"8.3.2 仪器的操作"。

8.3　Multisim 的操作使用方法

8.3.1　电路的创建

电路是由元器件和导线组成的，要创建一个电路，必须掌握元器件的操作和导线的连接方法。

1. 元器件的操作

（1）元器件的选用　选用元器件时，首先在元器件库栏中单击包含该元器件的图标，打开该元器件库，选择该元器件，按"确定"或双击该器件，然后将该元器件放置于电路工作区合适的位置，最后关闭元器件库。

（2）选中元器件　在连接电路时，常常要对元器件进行必要的操作，即移动、旋转、删除、设置参数等，这就需要选中该元器件。要选中某个元器件，用鼠标器左键单击该元器件图标即可。如果要一次选中多个元器件时，可使用 SHIFT＋"鼠标左键"单击选中这些元器件。被选中的元器件外部以虚线框显示，便于识别。如果要同时选中一组相邻的元器件，可在电路工作区的适当位置拖曳出一个矩形区域，包含在该区域内的元器件则被同时选中。

要取消某一个元器件的选中状态，可以使用 SHIFT＋"鼠标左键"单击即可；要取消所有被选中元器件的选中状态，只需单击电路工作区的空白部分即可。

（3）元器件的移动　要移动一个元器件，只要选中拖曳该元器件即可。要移动一组元器件，先选中这些元器件，然后用鼠标左键拖曳其中任意一个元器件，则选中部分就会同时移动。元器件移动后，与其相连的导线会自动重新排列。

（4）元器件的旋转与翻转　为了使电路便于连接、布局合理，常常需要对元器件进行旋转或翻转操作。可选中该元器件，然后选择"编辑"/"方向"/"垂直镜像"、"水平镜像"、"顺时针旋转 90 度"、"逆时针旋转 90 度"等命令。

（5）元器件的复制、删除　对选中的元器件，可直接在标准工具栏中选择相应按钮，也可用"编辑"/"剪切"、"编辑"/"复制"和"编辑"/"粘贴"等菜单命令进行相应操作，或在元器件上右击选择弹出菜单中的命令。删除操作可对选中的元件用 Delete 键，或在右键菜单中选择"删除"命令。

（6）元器件的属性　双击元器件，或右击选择弹出菜单中的"属性"命令，会弹出相关的对话框，如图 8-5 所示。元器件属性对话框具有多种选项卡可供选择。

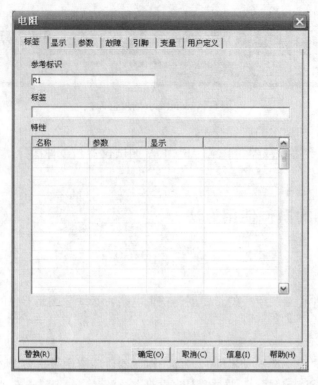

图 8-5　元器件属性对话框

在"参数"选项卡中，可设置元器件的数值。"故障"选项卡可供人为设置元器件的隐含故障，提供了无故障、打开（开路）、短路、漏电等设置，如图 8-6 所示。

图 8-6　"故障"选项卡

2. 导线的操作

（1）导线的连接　首先将鼠标指向元器件的端点使其出现一个小黑圆点，按下鼠标左键并拖曳出一根导线；拉住导线并指向另一个元器件的端点使其出现小圆点；释放鼠标左键，则导线连接完成。

（2）连线的删除与改动　选中连线，选择"编辑"/"删除"，或按 Delete 键，或右击选择"删除"命令，完成导线删除。也可以将拖曳移开的导线连至另一接点，实现连线的改动。

（3）向电路中插入元器件　将元器件直接拖曳在导线上，然后释放即可插入电路中。

（4）从电路中删除元器件　选中该元器件，按下 Delete 即可，或在该元器件的右键弹出菜单中选择"删除"。

（5）连接点的使用　选择"放置"/"节点"，可将连接点放于合适位置。一个连接点最多可以连接来自四个方向的导线。

8.3.2　仪器的操作

在 Multisim10.0 的仪器库中存放有 18 台虚拟仪器、4 台 LabVIEW 测试仪器和 2 种测量探针，这些虚拟仪器分别是万用表、函数信号发生器、功率表、示波器、四踪示波器、波特图示仪、频率计、字信号发生器、逻辑分析仪、逻辑转换器、IV 分析仪、失真分析仪、频谱分析仪、网络分析仪、安捷伦信号发生器、安捷伦万用表、安捷伦示波器、泰克示波器。4 台 LabVIEW 测试仪器分别是送话器、播放器、信号分析仪和信号发生器。还有动态测量探针和电流测量探针 2 种探针。在连接电路时，仪器以图标方式存在。这些虚拟仪器可以完成对电路的电压、电流、电阻及波形等物理量的测量，使用灵活，不用维护。需要观察测试数据与波形或者需要设置仪器参数时，可以双击仪器图标打开仪器面板。

选用仪器可以从仪器库中将相应的仪器图标拖曳至电路工作区中。仪器图标上有连接端口，用于将仪器连入电路，拖曳仪器图标可以移动仪器的位置。

1. 万用表（Multimeter）

万用表图标与面板如图 8-7 所示，它是一种自动调整量程的数字万用表，可以用来测量电阻、交直流电流和电压以及电路中两个节点间的电压分贝值。其电压档和电流档的内阻、电阻档的电流值和分贝档的标准电压值都可以任意设定。按面板上的"设置"按钮时，就会弹出图 8-8 所示的对话框，可以设置万用表的内部参数。

a)图标

b)面板

图 8-7　万用表的图标与面板

图 8-8　万用表内部参数设置

万用表量程规定如下：

（1）电气设置　电流表内阻（R）：1nΩ～999Ω，电压表内阻（R）：1Ω～1000TΩ，电阻表电流（I）：1nA～999.999kA，相对分贝值（V）：1nV～999.999kV。

（2）显示设置　电流表过量程：1fA～1000TA，电压表过量程：1fV～1000TV，电阻表过量程：1fΩ～1000TΩ。虚拟数字万用表与实际的数字万用表使用方法基本相同。

此外 Multisim10.0 还提供了虚拟电压表和电流表，如图 8-9 所示，用户可选择引出线的方向，这两种电表存放在指示元器件库中。在显示屏右侧以"V"/"A"表示电压表或电流表，左侧以"＋"/"－"表示极性；　"DC"为直流模式，

图 8-9　指示元器件库中的电压表和电流表

"10MΩ"和"1e-009Ω"为电压表/电流表内阻值。默认的"原理图全局设置"即标号和参数等全部显示在图标中，如需更改显示项，可从元件"属性"对话框的"显示"选项卡中选择设置。

虚拟电压表是一种交直流两用数字表，在转换直流与交流测量方式时，可双击电压表图标，出现一个对话框，然后单击"模式"按钮，选定直流（DC）或交流（AC）。当设置为交流（AC）模式时，电压表显示交流电压有效值。

虚拟电流表也是一种自动转换量程、交直流两用的数字表。其交直流工作方式的转换与电压表大致相同。

2. 函数信号发生器（Function Generator）

函数信号发生器是用来产生正弦波、三角波和方波信号的仪器，其图标和面板如图 8-10 所示。占空比参数主要用于三角波和方波波形的调整。"振幅"是指信号波形的峰值。函数信号发生器的 3 个输出端分别为接地端"公共"，正波形端"＋"和负波形端"－"。

a)图标　　　　　　　b)面板

图 8-10　函数信号发生器的图标和面板

注意：信号的振幅是指正端或负端对公共端输出的幅值，若从正端和负端输出，则输出的振幅为设置值的 2 倍，此种接法在示波器不能观察，但可通过数字万用表读出。

3. 功率表（Wattmeter）

功率表是一种测试电路功率的仪器，可以测量交、直流量，其图标及面板如图 8-11 所示。

功率表的图标中有两组接线端，分别为电压输入端和电流输入端，电压输入端应与所测电路并联，电流输入端应与电路串联。所测得的功率为平均功率，自动调整单位显示于面板上面的栏内。功率因数亦显示于面板中，数值在 0～1 之间。

4. 示波器（Oscilloscope）

示波器的图标及面板如图 8-12 所示。通过拖曳指示线可以读取波形任意一点的读数或

两指针间读数的差值。按下"反向"按钮可以改变示波器屏幕的背景颜色。

a)图标　　　　　　　　　　　b)面板

图 8-11　功率表的图标和面板

a)图标　　　　　　　　　　　　　　　　b)面板

图 8-12　示波器的图标及面板

示波器上的 X 轴为时间轴时，时基可在 1fs/div～1000Ts/div 的范围内调整。通道 Y 轴的电压比例范围为 1fV/div～1000TV/div。

此外，还提供可选 4 个通道的四踪示波器，使用方法同示波器类似。

5. 波特图示仪（Bode Plotter）

波特图示仪用来测量电路的幅频特性和相频特性。波特图示仪的图标及面板如图 8-13 所示。波特图示仪有输入和输出两对接线端口，其中输入端口的"＋"端接电路输入端的正端，输入端口"－"端接电路输入端的负端；输出端口的"＋"和"－"端分别接电路输出端的正端和负端。此外，使用波特图示仪时，必须在电路的输入端接入 AC（交流）信号源，但对其信号频率的设定并无特殊要求，通过对波特图面板中的"水平"坐标字符下面的频率设置对话框来设置频率的初始值 I（Initial）和最终值 F（Final）。如果修改了波特图示仪的参数设置（如坐标范围）及其在电路中的测试点，为了确保曲线显示的完整与准确，建议修改后重新启动电路。

6. 频率计（Frequency couter）

频率计用于测量信号频率、周期、脉冲信号的上升沿和下降沿等。其图标及面板如图 8-14 所示。

图 8-13　波特图示仪的图标及面板

使用时应注意根据输入信号的幅值调整频率计的灵敏度和触发电平。

图 8-14　频率计的图标及面板

7. 字信号发生器（Word Generator）

字信号发生器实际上是一个多路逻辑信号源，它能够产生 32 位（路）同步数字信号，送给数字逻辑电路工作。图 8-15 是其图标及面板。

图 8-15　字信号发生器的图标及面板

图标上共有 32 个接线柱，如实际使用时不需 32 位，则应从最低位开始用。

通过工作面板可以实现对编码脉冲序列的设置。"控制"区用于设置脉冲的输出方式，

其中，有"循环"方式；"脉冲"方
式，即所有地址中的数据依次输出一
遍，不再循环；"Step"为步进输出，
单击一次 Step 按钮，字信号输出一
条，这种方式可用于对电路进行单步
调试。按下"设置…"按钮，将弹出
图 8-16 所示的对话框。"触发"区用
于触发方式的选择，当选择"内部"
触发方式时，字信号的输出直接由输
出方式按钮（循环、脉冲 、Step）启

图 8-16　"设置"对话框

动；当选择"外部"触发方式时，则需接入外触发脉冲信号，并定义"上升沿触发"或"下
降沿触发"，然后单击输出方式按钮，待触发脉冲到来时才启动输出。此外，在数据准备好
时输出端还可以得到与输出字信号同步的时钟脉冲输出。

图 8-16 中自上而下为 8 种预置模式。图中的后四个选项用于在编辑区生成按一定规律
排列的字信号。例如，若选择"加计数"，则按 000～03FF 排列；若选择"右移"，则按
8000，4000，2000…逐步右移一位的规律排列。

8. 逻辑分析仪（Logic Analyzer）

逻辑分析仪可以同步记录和显示 16 路逻辑信号。它可以用于对数字逻辑信号的高速采
集和时序分析，是分析与设计复杂数字系统的有力工具，逻辑分析仪的图标如图 8-17 所示，
面板如图 8-18 所示。

图 8-17　逻辑分析仪的图标　　　　　　　　　图 8-18　逻辑分析仪的面板

　　面板左边的 16 个输入端，小圆圈内实时显示各路逻辑信号的当前值。从上到下依次为最低位至最高位。单击"停止"按钮可显示触发前波形。任何时候单击"复位"按钮，逻辑分析仪就会复位，显示的波形被清除。

　　逻辑信号波形显示区以方波方式显示 16 路逻辑信号的波形。通过设置输入导线的颜色可以修改相应波形的显示颜色。波形显示的时间轴刻度可通过面板下边的"时钟/格"予以设置。

　　触发方式有多种选择。单击触发区的"设置…"按钮将弹出触发方式模式对话框，如图8-19 所示。

图 8-19 "触发设置"对话框

　　对话框中可以输入 A、B、C 三个触发字。三个触发字的识别方式可通过"混合触发"进行选择，分别有二十一种组合情况。

　　触发字的某一位设置为 X 时表示该位为"任意"（0、1 均可）。三个触发字的默认设置为 XXXXXXXXXXXXXXXX，表示只要第一个输入信号到达，无论是什么逻辑值，逻辑分析仪均被触发开始波形的采集。否则必须满足触发字的组合条件才被触发。"触发限制"对触发有控制作用。若该位设为"X"，则触发控制不起作用，触发完全由触发字决定；若该位设置为"1"（或 0），则仅当触发控制输入信号为 1（或 0）时，触发字才起作用；否则即使触发字组合条件满足也不能引起触发。

　　触发前，单击面板时钟区的"设置…"按钮，将弹出时钟对话框，可对逻辑分析仪读取输入信号的时钟进行相关的设置，通过"时钟设置"中关于触发的选项，可以设置预触发和后置触发取样的点数以及阈值电压值。触发后逻辑分析仪按照设置的点数显示触发前波形和触发后波形，并标出触发的起始点。拖曳读数指针可读取波形数据。

　　9. 逻辑转换器（Logic Converter）

　　逻辑转换器是 Multisim 特有的虚拟仪器，实际工作中不存在与之对应的设备。逻辑转换器能完成真值表、逻辑表达式和逻辑电路三者之间的相互转换。其图标和面板如图 8-20 所示。

　　由电路导出真值表的方法步骤是：首先画出逻辑电路图，并将其输入端连接至逻辑转换器的输入端，输出端连接至逻辑转换器的输出端。此时按下"电路→真值表"按钮，在真值表区就出现该电路的真值表。

　　由真值表也可以导出逻辑表达式。首先根据输入信号的个数用鼠标器单击逻辑转换器面板顶部代表输入端的小圆圈，选定输入信号（由 A 至 H）。此时真值表区自动出现输入信号的所有组合，而输出列的初值待定，可根据所需要的逻辑关系修改真值表的输出值。然后按下"真值表→表达式"按钮，在面板底部逻辑表达式栏则出现相应的逻辑表达式。如果要简化该表达式或直接由真值表得到简化的逻辑表达式，按下"真值表→简化表达式"即可。表达式中的"'"表示逻辑变量的"非"。

　　可以直接在逻辑表达式栏输入表达式（"与→或"式及"或→与"式均可），然后按下"表达式→真值表"按钮，则得到相应的真值表；按下"表达式→电路"按钮，则得到相应

a)图标

b)面板

图 8-20　逻辑转换器的图标和面板

的逻辑电路图；按下"表达式→与非电路"按钮，则得到由与非门构成的电路。

10. IV 分析仪

IV 分析仪即晶体管特性图示仪，用于对二极管、晶体管特性进行测试。其图标及面板如图 8-21 所示。图标上有三个接线端口，分别所接的管脚如面板图右下角所示。特性曲线将显示于面板中。

11. 失真分析仪（Distortion Analyzer）

失真分析仪主要用于测量低频信号的非线性失真。一正弦波信号经非线性网络系统输出后，其成分除与原频率相同的基波分量外，还存在各种谐波分量。其失真程度用失真系数即失真度表示，为谐波总的功率与基波功率之比的平方根。其图标及面板如图 8-22 所示。

失真分析仪只有一个连接端口，连接电路的输出信号。面板中显示栏可以百分比或分贝数形式显示总谐波失真的值。SINAD 按钮的作用是选择测试信号的信噪比。

开始仿真后，"启动"按钮将自动开启，一段时间后显示数值才会达到稳定，此时点击"停止"即可读出测试结果。

12. 频谱分析仪（Spectrum Analyzer）

频谱分析仪用于测量信号幅度与频率之间的关系，即频域分析。其图标及面板如图8-23所示。端口"IN"接被测信号，"T"为触发端。频率范围上限为 4GHz。

a)图标 b)面板

图 8-21 IV 分析仪的图标和面板

a)图标 b)面板

图 8-22 失真分析仪的图标及面板

a)图标 b)面板

图 8-23 频谱分析仪的图标及面板

"频率"区可设置量程,即频率范围以及中心频率、起始频率。"振幅"区 3 个按钮用于选择频谱纵坐标刻度，"范围"为每格幅值多少；"基准"确定的是信号频谱中某一幅值所对应频率范围。"频率分辨率"区用于设置频率分辨率，其值越大则频谱宽度越大，分辨率下降，而分辨率越小分析时间将越长。

13. 网络分析仪（Network Analyzer）

网络分析仪是测量网络参数的一种新型仪器，其图标及面板如图 8-24 所示。

图 8-24　网络分析仪的图标及面板

能够直接测量单端口/双端口网络的各种参数，如测量衰减器、放大器、混频器、功率分配器等电子电路及元器件的特性。Multisim 提供的网络分析仪可以测量电路的 S 参数并计算出 H、Y、Z 参数。

除以上介绍的一般电子实验室中常用的测量仪器外，还有 4 台高性能虚拟测量仪器，其中有 3 台为跨国公司安捷伦高端测量仪器：$6\frac{1}{2}$ 位数字万用表 Agilent34401A；具有两个模拟通道和 16 个逻辑通道的 100MHz 混合信号示波器 Agilent54622D；15MHz 宽频带、多用途函数信号发生器 Agilent33120A。另外还有一台美国泰克公司的 4 通道数字存储示波器 TDS2040。这些虚拟仪器从外观到操作方法均与真实仪器完全一样。

在电路仿真时，将测量探针和电流探针连接到电路中的测量点，测量探针即可测量出该点的电压和频率值，电流探针即可测量出该点的电流值。动态测量探针可用于对仿真电路测量各节点动态实时电压等参数，可以串入交、直流电路中进行测量。电流测量探针串入电路中，用连线将它与虚拟示波器直接相连，可从示波器显示屏上观察到电流的波形，即相当于一个电流取样电感。

8.3.3　电子电路的仿真操作过程

电子电路的仿真通常可按下列步骤进行：

1. 连接电路与仪器

连接仿真电路可按前述的元器件与仪表操作方法进行。

2. 电路文件的存盘与打开

电路创建后可将其存盘，以备调用。方法是选择菜单栏中的"文件"/"保存"命令。弹出对话框后，选择合适的路径并输入文件名，再按下"确定"按钮，即完成电路文件存盘。Multisim 会自动为电路文件添加后缀".ms10"。若需打开电路文件，可选择按钮菜单栏中的"文件"/"打开"命令，弹出对话框后，选择所需电路文件，按"打开"按钮，即可打开所选择的电路。存盘与打开也可以使用工具栏中的有关按钮。

3. 电路的仿真实验

仿真实验开始前可双击有关仪器的图标打开其面板，准备观察其波形。按下电路"启动"/"停止"开关，仿真实验开始。若再次按下"启动"/"停止"开关，仿真实验结束。如果要使实验过程暂停，可单击"暂停"按钮，若再次单击，则恢复运行。

4. 实验结果的输出

输出实验结果的方法有许多种，可以存储电路文件，也可以用 Windows 的剪切板输出电路图或仪器面板显示波形，还可以打印输出。

8.4　电路仿真测试举例

8.4.1　电路基础应用举例

1. 直流电路分析

（1）电阻的测量　测试白炽灯电阻，如图 8-25 所示，直接使用万用表的欧姆档测量即可，测试结果与理论计算相同。

由　$P=U^2/R$

得　$R=U^2/P=5^2/1\Omega=25\Omega$

（2）串并联电路的电压和电流的测量　串联电路的特点是：流过每个串联元器件的电流相等，电路总电压等于各个元器件两端电压之和。并联电路的特点是：每个并联元器件两端的电压相等，电路总电流等于各支路的电流之和。如图 8-26 所示为一串

图 8-25　万用表测白炽灯电阻

并联测试电路，读者可改变电路参数，与理论计算作比较进一步观察验证。

注：为了便于对照学习，本书对该软件中的元器件符号未作改动，有些与国家标准不符，特提请读者注意。

2. 交流电路分析

按图 8-27 连接电路，将电压表 U1 和电流表 U2 置于交流（AC）工作模式，选择输入交流电压的频率为 50Hz，电压有效值为 10V。电容 C 的容抗 $X_C=1/(2\pi f C)=1/(2\pi\times50\times1\times10^{-6})\Omega=3.18k\Omega$。因为容抗远远大于所串电阻 R 的阻值，因此，该电路可视为纯电容电路。

将电路中输入电压 U_1 接到示波器 A 通道，电阻 R 上的电压接到示波器的 B 通道。闭合仿真电源后，双击示波器图标得两电压波形如图 8-28 所示。电阻 R 作为电容电流的采样电

路，其两端电压验证了流过电容的交流电流超前外加交流电压（U_1）相位 $\pi/2$ 的基本关系。

图 8-26　串、并联测试电路

图 8-27　电容电路

图 8-28　电容两端外加交流电压与流过电流的相位关系

8.4.2　模拟电路应用举例

1. 测量静态工作点

如图 8-29 所示单管共射放大电路，我们可以通过电压表、电流表的指示得到放大电路的静态工作电压和电流。

图 8-29　测量单管共射放大电路静态工作点

（1）测量静态工作电流　如图 8-29 所示，在晶体管集电极串入直流电流表，在基极、发射极和集电极并上直流电压表。接通电路电源，调节 RP 使 $I_C=1\text{mA}$，或 $I_C=U_E/R_e=1\text{mA}$。图中电流表的实测值为 1.004mA，或通过换算 $I_C=I_E=U_E/R_e=1.004\text{mA}$。

（2）测量静态工作电压　从图中的电压表中可以读出：$U_B=1.633\text{V}$，$U_E=1.011\text{V}$，$U_C=6.872\text{V}$，通过计算可以得出 $U_{BE}=0.622\text{V}$，$U_{BC}=-5.239\text{V}$，满足放大电路 BE 结正偏、BC 结反偏的条件。

2. 测量放大倍数

如图 8-30 所示，接入负载，输入端加入 1kHz 正弦波，幅度为 1mV，输出端并联交流电压表。接通电路电源，用示波器观察波形有无失真，在无失真的情况下测得电压表电压为 0.020V 即 20mV；故电路放大倍数为 $A_V=20/1=20$。

可以直接通过示波器的指示得到放大器的放大倍数，A 通道为输入信号，B 通道为输出信号。如图 8-31 所示，在 T1 时间，$U_{A1}=-997.817\text{uV}$，$U_{B1}=27.248\text{mV}$，则放大器的放大倍数为：

$$A_V=U_{B1}/U_{A1}=-27.248/0.997817=-27.308$$

从图中还可知道，输出电压与输入电压是反相的。

8.4.3　数字电路应用举例

1. 组合逻辑电路设计

一般组合逻辑电路设计过程可归纳为：分析给定问题列出真值表，由真值表求得简化的

图 8-30　测量共射放大电路的放大倍数

图 8-31　共射放大电路输入/输出电压波形

逻辑表达式，再根据表达式画出逻辑电路图。这一过程可借助逻辑转换器完成。

　　例：试设计一个表决电路，有三人进行表决，当有两人或两人以上同意时决议才算通过。

　　解：设三个输入为 A、B、C 表示三人，同意为逻辑"1"（接入"+5V"），不同意为逻辑"0"（接入"地"），分别用开关 S1、S2、S3 控制；决议结果用一个输出 Y 表示，用指示灯显示，决议通过为逻辑"1"（灯亮），不通过为逻辑"0"（灯灭）。

　　1）打开逻辑转换器面板，在真值表区域点击 A、B、C 三个逻辑变量建立一个真值表，根据逻辑控制要求在真值表区输出变量列中填入相应的值（如图 8-32 所示）。

2）点击逻辑转换器面板上"真值表→简化逻辑表达式"按钮，求得简化的逻辑表达式，如图 8-32 逻辑转换器面板底部逻辑表达式栏所示。

图 8-32　真值表与简化逻辑表达式

3）点击逻辑转换器面板上"表达式→电路"按钮，获得逻辑电路如图 8-33 所示。

4）逻辑功能测试：在获得的逻辑电路的输入端接入三个开关［K］、［M］、［N］，用来选择"＋5V"或"地"，输出端 Y 接指示灯 L，如图 8-33 所示。按图 8-32 中真值表的状态选择不同的开关状态组合，观察指示灯的亮灭逐一验证。

图 8-33　三人表决逻辑电路

2. 用"反馈归零"法组成任意进制计数器

在实际工作中，常需要组成 N 进制计数器，要组成 N 进制计数器，只要将计数器第 N 状态中输出为"1"的 Q 端经过"与门"或"与非门"后获取复位信号控制清零端即可。例如：用十进制计数器 74160 构成六进制计数器（74160 清零端为低电平有效），将输出端 QB、QC 通过与非门控制清零端 CLR 即可构成六进制计数器。输入端接方波电压（频率 1kHz，占空比 50％，幅值 5V）的时钟脉冲源，输出端接显示数码管，将脉冲源及计数器的输出端接逻辑分析仪的输入端便于观察，所得电路如图 8-34 所示。观察到工作波形如图 8-35所示，两个读数指针之间是一个六进制计数周期工作波形。

图 8-34　74160 接成六进制计数方式

图 8-35　74160 组成的六进制计数器工作波形

本 章 小 结

随着计算机技术的发展，电路仿真系统将实验台"搬到"了计算机屏幕上，与传统的电子技术实验相比较，具有快速、安全、省材等特点，大大提高了工作效率。它可以进行电路参数设置，模拟电路故障，并可以对电路进调试和测试，功能齐全。

Multisim10.0 是由美国 National Instruments 公司推出的一款非常优秀的用于电路设计与虚拟仿真的软件，除了对一般电子电路的虚拟仿真外，还在 LabVIEW 虚拟采样仪器、单片机仿真等方面有着创新与提高。

综 合 实 验

计算机仿真电路测试

1. 实验目的

（1）掌握 Multisim 的启动和退出方法。

（2）熟悉 Multisim 菜单的使用、仿真电路的绘制方法及仿真仪器的使用。

（3）学会使用仿真仪器测试电路参数。

2. 实验器材

安装有 Multisim10.0 软件的计算机一台。

3. 实验过程

（1）按照主窗口菜单的顺序打开文件、编辑、视图、放置、仿真、窗口、帮助等菜单，熟悉里面的内容。

（2）利用鼠标右键菜单的功能进行操作练习。

（3）在 Multisim 主窗口内搭接图 8-36 所示的串联型稳压电源电路，并作如下测试。

图 8-36　串联型稳压电源电路

1）调节 RP 使输出 $U_o = 10V$，测量以下各点电位，根据各点电位判断晶体管的工作状态。

U_o	U_{C2}	U_{B2}	U_{EC}	U_{B4}	U_{B1}

2）测量输出电压调节范围。改变 RP，测量 U_o 的最大值和最小值，并与理论计算值进行比较。

3）测量稳压电源的输出电阻。断开负载电阻 R_L，调节 RP，使输出电压 $U_o = 12V$。接

入负载 $R_L=20\Omega$，测量输出电压 U_o 的大小，按公式 $r_o=\Delta U_o/\Delta I_o$，计算输出电阻。

4）测量稳压电源的稳压系数。接入负载电阻 R_L，使输出电压 $U_o=12V$。调节输入交流电压 $U_i=18\times(1+10\%)V$，测量稳压电压输出电压值。由公式 $s_r=\dfrac{\Delta U_o}{U_o}\Big/\dfrac{\Delta U_i}{U_i}$ 计算稳压系数。

把电阻 R_3 改为 $5.1k\Omega$，重新测量稳压器的输出电阻和稳压系数。并与上述的测量结果相比较，体会 R_3 的作用。

5）输出短路保护测试。将稳压器的输出端短路，测量电路下列各点电位，并判定管子的工作状态，体会静态管 VT1 组成的短路保护电路工作原理。

U_{C1}	U_{B1}	U_{C2}	U_{B2}

4. 思考题

（1）线路连接中出现绕行应如何解决？

（2）如何调节图中电位器 RP 的阻值？

（3）如何设置频率为 $50Hz$、幅度为 $24V$、相位为 $90°$ 的交流电压源？

5. 实验报告

（1）认真整理实验数据，与理论计算值进行比较。

（2）完成实验报告，总结 Multisim 在电子实验中的优点。

练 习 题

1. Multisim 的元器件库、仪器库有哪些？

2. 试用调幅源产生满足 $u_o=5\sin 6280t(1+\sin 628t)V$ 表达式的信号，用示波器观察其波形。

3. 试用函数信号发生器产生幅度为 $2V$、频率为 $1kHz$ 的三角波信号，用示波器观察其波形。

4. 试改变万用表中电流表、电压表的内阻，测试图 8-26 中的电压、电流，观察内阻对测量准确度是否有影响？

5. 试将字信号发生器设置成递增编码方式，在 $0000H\sim0300H$ 范围内循环输出，频率为 $1kHz$。试将如下地址设置为断点：$0150H$、$0160H$、$0280H$。

6. 用逻辑转换器将下列逻辑函数表达式转换成真值表、与非门电路。

（1）$Y=\overline{AB}+BC+\overline{AC}$

（2）$Y=AB+\overline{A}\,\overline{B}$

（3）$Y=ABC+\overline{A}\,\overline{B}C+A\overline{B}\,\overline{C}$

第9章　电子仪器的发展趋势和自动测试系统

内容提要：

阅读本章可以了解到电子测量仪器的发展趋势。了解智能仪器的发展、特点及其基本组成结构。认识自动测试系统的概念；了解其发展趋势。

9.1　概述

随着生产和科学技术的发展，自动化程度越来越高，这就对测量速度和测量准确度提出了更高的要求。比如，大规模集成电路，每个芯片上有十几万个组成元器件，电路复杂，测试数据多。用人工测量，从有限的引脚上测量为数甚多的元件，实现极其复杂的功能，几乎是不可能的。并且，在测量速度和测量准确度的要求在不断提高的情况下，为了满足这些要求，电子测量仪器不得不越来越复杂，对测试人员的要求也越来越严格。即使如此，有些复杂的测试项目只靠人工仍然是难以完成的。因此，测量系统的自动化和测量仪器的智能化势在必行。

电子测量仪器的发展过程与新器件、新技术的出现是密切相关的。电子计算机技术的发展，特别是微处理器的出现使电子测量仪器产生了飞跃。尽管"自动测试"和"智能"的概念早已形成，但真正的自动测试系统和智能化仪器是在应用了计算机技术以后才出现的。

目前，与计算机技术紧密结合，实现自动化测量的电子设备主要分为两大类，一是带微处理器的所谓智能仪器。由于微处理器已经具备了相当强的功能，所以智能仪器可以自动地进行数据采集、处理和显示，并且可以用软件代替硬件逻辑电路和模拟电路，既可以提高仪器的性能、增加功能，又可以简化仪器的结构，降低仪器的成本；二是自动测试系统，是由可程控仪器经通用接口与计算机连接成系统，测试工作由计算机控制按照预先编制的程序自动进行。

9.2　智能仪器

9.2.1　智能仪器及其发展

所谓"智能"，即人工智能。而所谓智能仪器，顾名思义，则是指仪器具有一定的人工智能，即仪器可以代替一部分人的脑力劳动。一般说来，智能仪器应具有视觉、听觉、思维等方面的能力，当然这是比较高级的功能，实际上现在的智能仪器还达不到这种程度，"智能"的说法还比较勉强。究竟什么是智能仪器，至今尚无确切的定义。目前的智能仪器常常是指以微处理器为中心而设计的仪器。

微处理器（Microprocessor），简称 μP，是微电子技术发展的产物，是用大规模集成电路工艺实现的可编程逻辑控制器或微程序控制器。

微处理器应用于电子测量仪器之后，使传统的电子测量仪器发生了巨大变化。智能仪器与传统的测量仪器相比有着本质的区别，它可以存储、计算、处理数据，具有记忆、控制和逻辑判断功能，测量准确度大大提高，甚至在某些方面引起了测量原理的变革。

目前，智能仪器的品种、产量正在迅速增加，质量也在不断提高。可以预测，不久的将来，智能仪器将会达到普及的程度。

9.2.2　智能仪器的特点

智能仪器之所以能这样迅速发展，主要是因为智能仪器与传统的电子测量仪器相比具有以下的特点。

1. 测量的自动化

由于微处理器的应用，可以通过预先编制好的程序进行自动测量。仪器的许多功能可以自动调节，数据的采集和处理也可以自动进行。例如，在带有微处理器的电子计数器中，量程选择、闸门设置、计数及显示等都可按程序功能自动进行。

2. 一机多用

在智能仪器中，利用微处理器的可编程能力和运算能力，可实现一机多用，扩展仪器的功能，提高其性能价格比。

3. 输入、输出多样化

智能仪器可以针对具体情况以不同方式输入数据，以不同方式输出测量结果。

输入方式可以通过键盘输入任何数据或是通过扫描仪、磁盘等输入数据。

输出方式也是多种多样的，例如，CRT 的数据显示；打印机的数据打印；LED 数码的显示；磁盘的数据存储等。其中的数据包括：数字、文字、图像和声音等多种形式。这种方便而又多种多样的输入、输出方式是传统的电子测量仪器无法比拟的。

4. 准确度高

由于微处理器具有很强的运算和数据处理功能，在智能仪器中可以充分利用这一特点来消除测量误差，提高测量准确度。

5. 简化电路结构、降低对硬件的要求

在智能仪器中，可以通过软件代替硬件或降低对硬件的要求，这样不仅可以简化仪器的结构，而且可以提高仪器的可靠性，降低仪器的成本。例如，在传统的电子电压表中，为了克服检波器的非线性引起的误差，通常要在检波器中增加线性补偿电路。而在智能仪器中则可以事先测定检波器的非线性误差，并将数据存储在存储器中，在测量时逐点对测量结果进行修正或预先找出非线性失真的数学模型，通过运行程序进行误差修正。

6. 操作简单，维修方便

由于智能仪器自动化程度较高，需要人工控制的工作减少，仪器在使用时非常简单，可以使用非熟练人员，甚至非技术人员操作。在操作有误时，仪器可以自动发出警告，甚至可以显示出操作过程。

对于复杂的传统测量仪器，维修工作历来是一件困难的事情。因为要先查出故障，此时

要求对仪器的原理和电路结构十分熟悉。但是，对智能仪器来说则不然，它可以通过"自检"程序自动循回检查各部分电路。若某部分电路有故障，则可以用故障指示灯指示出来或者在显示器上显示出故障代号，这样可以很容易确定故障位置，故障的排除易于完成。

9.2.3　智能仪器的基本结构

图 9-1 所示是智能仪器组成示意图。它主要包括微型计算机（专用的），测试功能或信号发生器、通用接口母线三部分。

图 9-1　智能仪器的组成示意图

仪器中的键盘控制和显示输出部分，可以看成微机系统的组成部分。微型计算机是整个智能仪器的核心，各种信息的传递和许多功能电路的控制，大多通过微机总线进行。虽然智能仪器形式上完全是一台仪器，但实质上它和微型计算机有很多相似之处。

在智能仪器中，基本上用键盘操作代替了传统仪器面板上的开关和旋钮。从表面上看，键盘的作用与传统测量仪器的开关、旋钮类似。但实际上二者有很大不同，键盘是在微型计算机管理和控制下工作的，通过键盘，使用者可以选择仪器功能和量程。有些仪器还可以通过键盘编程，以使测量设备从多方面灵活地满足使用者的需要。

智能仪器的显示和输出部分，也受微型计算机控制。其中显示器、打印机等与计算机的连接与微型计算机系统中的情况基本类似。智能仪器中常见的发光二极管（LED）显示器，表面看来与传统数字仪器毫无区别，但是在传统仪器中要经过计数器、译码器等多硬件电路才能实现。在微型计算机控制的智能仪器中，则可以主要用软件来完成。

测试功能或信号发生部分与传统测试仪器或信号发生器有某些相似之处，但是不应该把它们看成单纯的硬件组合，而应该看成在计算机控制下的功能系统。

首先，智能仪器中微型计算机处理的是数字信号，由智能仪器和标准接口母线组成的自动测试系统也是数字系统。智能仪器中计算机向测试功能发送的信号和后者发送回计算机的信号最终都要变成数字信号。因而智能仪器中要增加一些 A-D 和 D-A 转换电路，使仪器中的各部分都能在微型计算机统一指挥下工作。

此外，在许多情况下还用计算机软件代替传统测量仪器中的硬件。例如，用微型计算机及其软件直接产生仪器中所需要的信号；用软件直接产生或控制 A-D 转换过程等。这不仅降低了仪器的成本、体积和功耗，增加了仪器的可靠性，还可以通过软件的修改，使仪器对用户的需要做出灵活的反应，提高产品的竞争力。

9.3　自动测试系统简介

9.3.1　自动测试系统的基本概念

通常把在最少人工参与的情况下，能自动进行测量、数据处理并以一定方式显示或输出测试结果的系统称为自动测试系统（Automatic Test System，缩写为 ATS）。

自动测试系统包括以下五部分：

（1）控制器　主要是计算机。如小型机、PC、微处理机、单片机等，它是系统的指挥控制中心。

（2）程控仪器、设备　包括各种程控仪器、程控开关、执行元件、程控伺服系统，以及显示、打印、存储记录等器件，能完成确定的测试、控制任务。

（3）总线与接口电路　它们是连接控制器与各程控仪器、设备的通道，完成数据的传输与交换。

（4）测试软件　为了完成系统测试任务而编制的各种应用软件。例如，测试主程序、驱动程序、I/O 软件等。

（5）被测对象　测试任务的不同，被测对象千差万别。由操作人员采用非标准方式通过电缆，接插件、开关等与程控仪器和设备相连。

9.3.2　自动测试系统的发展趋势

自动测试系统是将检测技术与计算机技术和通信技术有机地结合在一起的产物。自 20 世纪 50 年代初期到现在，它的发展大体经历了三个阶段。

（1）第一代总装阶段　第一代自动测试系统主要用于大量重复性测试、非常快速的测试、较复杂的测试、必须要高度熟练技术人员的测试和环境上对工作人员健康有害或操作人员难于接近的测试情况。

常见的第一代自动测试系统主要有自动数据采集系统、自动分析系统等。这些系统有些现在仍在使用，它们能完成大量的、繁重的数据分析、运算工作，并能快速、准确地给出测试结果。但是设计和组建第一代自动测试系统时还存在不少困难，主要是系统组建者需要自行解决仪器与仪器、仪器和计算机之间的接口问题。当系统比较复杂、需要程控的设备较多时，不但研究工作量大，费用较高，而且这种系统适应性不强，改变测试内容一般需要重新设计电路。因此，很快就发展了采用标准化接口母线的第二代自动测试系统。

（2）第二代接口标准化阶段　第二代自动测试系统的特点是用标准化的接口母线（Interface Bus）把测试系统中各有关设备按积木的形式连接起来，并且给部分设备配以标准化的接口功能电路。这种自动测试系统组建方便，组建者不需要自己设计接口电路，更改、增加测试内容也很灵活。由于这种标准接口母线自动测试系统有许多优点，因此得到了广泛的应用。

目前使用的标准化接口母线系统，有几种不同的类型，但是应用最广的是所谓通用接口母线系统。通用接口母线常用符号 GPIB（General Purpose Interface Bus）表示。GPIB 系统可以使世界上不同厂家生产的仪器设备，用统一的标准母线连接起来，消除了以往每次组建自动测试系统时都要设计一套专用接口的重复劳动。

近年来，作为系统控制者的微型计算机大幅度降价，同时作为 GPIB 系统的接口电路，已生产出多种大规模集成电路芯片，促使第二代自动测试系统快速得到普及。

图 9-2 所示为一简单自动测试系统的组成。图中的信号源与 DVM 电压表都具有程控功能，它们靠计算机发出程控命令进行电控和电调；打印机同样按计算机的指令打印出需要的内容。在自动测试过程中计算机要和其他设备不断地进行信息交换。例如，计算机要向信号源发布命令，请它输出一定幅度和一定频率等条件的信号；打印机在用完打印纸后要向计算机请求服务等。同时，各设备之间也要进行信息交换。例如，各电压表要把数据逐个传给打印机，而打印机又要随时向电压表报告是否准备好接收数据和是否接收到数据等信息。以上测试过程中的各种信息交换在自动测试系统中是靠接口母线系统来完成的，它是一条无源多芯电缆线。

（3）第三代基于 PC 仪器阶段

第一、二代自动测试系统虽然比人工测试显示出前所未有的优越性，但是在这种系统中，电子计算机并没充分发挥作用，它主要是担任系统的控制及完成一些数据的计算和处理工作。第三代自动测试系统把计算机和测试系统更紧密地结合起来，融合成一体，用强有力的软件代替仪器的硬件功能。特别是用计

图 9-2　自动测试系统的组成

算机参与激励信号的发生和测量特性的解析。这种以计算机为核心，用较少的硬件就能代替各种各样仪器功能的系统称为第三代自动测试系统。可以想象得到第三代自动测试系统将会使电子测量技术和电子测量仪器发生巨大变化。

自动测试系统的发展趋势是虚拟仪器系统。

虚拟仪器系统利用 PC（个人计算机）的显示功能模拟真实仪器的控制面板，以多种形式表达输出检测结果。虚拟仪器系统利用 PC 软件功能实现信号的运算、分析、处理，由 I/O 接口设备完成信号的采集、测量与调整，从而完成各种测试功能的一种计算机仪器系统。第 8 章的 Multisim 系统就是目前应用的一种虚拟仪器系统。

本 章 小 结

现代电子测量仪器的发展趋势是智能仪器、自动测试系统。

1. 智能仪器是以微处理器为核心而设计的仪器。它可以存储、计算、处理数据，具有记忆、控制和逻辑判断功能，测量准确度大大提高。智能仪器与传统仪器相比有很多特点。

智能仪器的基本组成包括微型计算机（专用的），测试功能或信号发生器、通用接口母线三部分。在智能仪器中计算机软件能代替传统测量仪器中的硬件功能，降低了仪器的成本、体积和功耗，增加了仪器的可靠性。

2. 自动测试系统是能自动进行测量、数据处理并以一定方式显示或输出测试结果的系统。自动测试系统包括五部分：控制器、程控仪器、总线与接口电路、测试软件和被测

对象。

　　自动测试系统的发展经历了三个阶段：总装阶段、接口标准化阶段和基于 PC 仪器阶段。

　　自动测试系统的发展趋势是虚拟仪器系统。

练　习　题

1. 现代电子测量仪器的发展趋势是什么？
2. 什么叫智能仪器？它的主要组成部分是什么？
3. 自动测试系统的含义是什么？它是由哪些部分组成的？
4. 简述自动测试系统的三个发展阶段。
5. 自动测试系统的发展趋势是什么？它的特点是什么？

参 考 文 献

[1]　张乃国. 电子测量技术 [M]. 北京：人民邮电出版社，1985.
[2]　朱晓斌. 电子测量仪器 [M]. 北京：电子工业出版社，1994.
[3]　李明生，刘伟. 电子测量仪器 [M]. 北京：电子工业出版社，2000.
[4]　申业刚. 电子测量 [M]. 南京：江苏科学技术出版社，1986.
[5]　郑家祥. 电子测量实验 [M]. 北京：国防工业出版社，1985.
[6]　朱文华. 电子测量与仪器 [M]. 南京：东南大学出版社，1994.
[7]　刘国林，殷贯西. 电子测量 [M]. 北京：机械工业出版社，2003.
[8]　沙占友. 万用表检测技术 [M]. 北京：电子工业出版社，2005.